设计致物系列

Rocket Surgery Made Easy

The Do-It-Yourself Guide to Finding and
Fixing Usability Problems

设计优化

可用性提升秘笈

[美] 史蒂夫·克鲁格　◎著
(Steve Krug)

王楠楠 袁国忠　　　◎译

图书在版编目（CIP）数据

设计优化：可用性提升秘笈 /（美）史蒂夫·克鲁格(Steve Krug)著；王楠楠，袁国忠译. -- 北京：机械工业出版社，2022.3
（设计致物系列）
书名原文：Rocket Surgery Made Easy: The Do-It-Yourself Guide to Finding and Fixing Usability Problems
ISBN 978-7-111-70277-1

I.①设… II.①史… ②王… ③袁… III.①网站-设计 ②软件-测试 IV.①TP393.092.2 ②TP311.55

中国版本图书馆 CIP 数据核字 (2022) 第 036447 号

北京市版权局著作权合同登记　图字：01-2021-6258 号。

设计优化：可用性提升秘笈

出版发行：机械工业出版社（北京市西城区百万庄大街 22 号　邮政编码：100037）	
责任编辑：王　颖	责任校对：殷　虹
印　　刷：北京宝隆世纪印刷有限公司	版　　次：2022 年 3 月第 1 版第 1 次印刷
开　　本：185mm×205mm　1/24	印　　张：6.5
书　　号：ISBN 978-7-111-70277-1	定　　价：99.00 元

客服电话：（010）88361066　88379833　68326294
华章网站：www.hzbook.com

投稿热线：（010）88379604
读者信箱：hzjsj@hzbook.com

献　辞

献给姨妈 Isabel，她每天都为我祈祷。

献给我的兄弟 Phil，他是法律服务公司的一名优秀律师。

献给所有将一生都奉献于社会的人。

目录

开场白

Rocket Surgery
Made Easy

叫我
Ishmael 吧 [○]

本书的由来，免责声明，以及一些边边角角

○ 这是 19 世纪美国著名作家 Herman Melville 在他的名著 *Moby Dick*（白鲸记）中最开头的一句话，现在已经成为许多文学作品的著名开场白，这部小说是以以实玛利（Ishmael）作为第一人称叙述的。在《圣经》中，以实玛利是亚伯拉罕之子，在出生后被弃，因此隐喻为被抛弃的人；这里作者可能也有本书介绍的可用性测试方法未成为主流的意思。——译者注

我酷爱最后期限，酷爱它飞过时发出的嗖嗖声。

——Douglas Adams，*The Hitchhiker's Guide to the Galaxy*
（银河系漫游指南）的作者，以不按时交稿著称

9 年前，在完成 *Don't Make Me Think*[⊖]之后　我就想写这本书了。

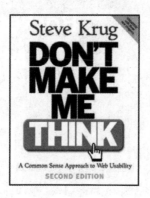

在写 *Don't Make Me Think* 的过程中，我无意中认识到了以下三点。

- 可用性测试是改善网站（以及用户将与之交互的任何产品）的最佳方式之一。
- 既然有很多公司和组织付不起专门请人进行定期测试的费用，那么每个人都应该学习自己进行可用性测试。
- 我可以编写一本很不错的书来阐述如何

进行可用性测试。

不过，还有一个小问题：

　　我讨厌写作。

实际上，比我想象的还要讨厌，可能最准确的措辞是对写作感到极度痛苦。

不是"买白色 iPhone 还是黑色 iPhone"那样的痛苦，而是拨火棍插到眼睛里那样

　⊖　该书中文版《点石成金：访客至上的网页设计秘笈》(ISBN: 978-7-111-61624-5）已由机械工业出版
社引进出版。——译者注

的极度痛苦。我始终认为写作是我所知的最艰巨的工作，实在无法理解有人竟然在没有被枪指着头（这指的是最后期限即将到来）的情况下写作。

事实证明我没有立刻着手编写这本书可能是件好事，因为 *Don't Make Me Think* 让我有机会开展讲座，这比写作和咨询更符合我的性格[⊖]。

在最初的 5 年期间，我的讲座是综合讲解和演示的形式。我通过对与会者的网站进行简要的专家评论来阐述可用性问题。我想在讲座中教授网站测试方法，但无法在一天的讲座中囊括这些内容。

又经过几年深入思考以后，我终于找到了在一天的讲座中教授测试（包括动手实践）的办法。我改变了讲座内容安排，一整天的讲

座都围绕本书的主题：自己进行可用性测试。

经过几年实践以后，我对人们需要知道什么有了更深入的认识。要真正学懂学透某件事，就试试去教别人怎么做这件事，诚哉斯言！看到很多人学习如何自己做测试后，我也更加相信它的价值了。

最终，我下决心签下了编写本书的合同（同时也戴上了最后期限的紧箍咒）。毕竟能够花钱参加一整天讲座的人有限，而阅读本书是不错的替代方案。

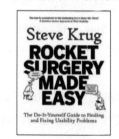

　⊖　讲座不能推迟，你要么上午就去，要么别去。另外，没有家庭作业，讲座结束后，工作便完成了。我至今还记得，第一次开展讲座的时候，当所有人都离开教室回家以后，我便有一种工作已经完成的奇怪感觉——这在我的咨询生涯中从来没有过。我强烈推荐从事讲座工作。

还需要另一本有关可用性测试的图书吗

我没有发明任何东西。可用性测试历史悠久，很多人至少在 30 年前就开始倡导简化的可用性测试（discount usability testing）了，其中最有影响力的是 Jakob Nielsen。

市面上已经有很多优秀的图书详细地阐述了如何进行可用性测试。在你有机会开始测试后，我强烈建议你阅读这些图书[⊖]。

但本书和它们的不同之处主要体现在以下两个重要方面：

- **本书不全面介绍可用性测试**：本书假设可用性不是你的谋生手段，甚至不包含在你的职位描述中，因此你不需要太深入了解它，也没有很多时间去学习它。与 *Don't Make Me Think* 一样，我尽可能确保本书足够简短，可以在乘飞机长途旅行时阅读完毕[⊜]。

  本书并不是要让你成为可用性测试专业人员或可用性测试专家，而只想让你有

能力做些测试。有些读者可能确实对可用性测试感兴趣，因此想全面学习，而推荐阅读的图书清单正是为这样的读者准备的。然而，就算只阅读这本书，也可以从测试中获得很多好处。

- **本书不仅仅介绍如何发现可用性问题**：和其他有关测试的图书不同的是，本书还介绍了如何发现并修复可用性问题。第 10～13 章阐述了如何发现问题以及最佳的修复方式。在其他图书中，对这个主题的介绍不多，而它确实很重要。

说我不负责任好了

有些专业测试人员认为，让业余人士自己进行测试是不负责任的。这些人很聪明，而我也很重视他们的看法。下面是他们的两个主要理由：

- **业余人员做不好**，因此他们 1）将导致测试的产品更糟而不是更好；2）让人们认为可用性测试没有价值。

- **业余人员做得不错，这将抢走专业人员的饭碗。**

因此，在消除这些担心之前，有必要先做如下声明。

如果雇得起可用性专业人员为你测试[⊖]，那么就雇用专业人员。

这没有问题。首先，优秀的可用性专业人员更能胜任测试工作。除了在设计和主持测试方面拥有丰富的经验外，专业人员还在以前多次遇到过一些相同的可用性问题，对如何修复它们有更深入的认识。

其次，从不同的角度审视产品总会有所帮助。以一次测试的价格，你通常还可以免费获得专家评估，因为专业人员必须通过使用产品来确定如何测试产品。

此外这更客观：专业人员更可能指出一些令人不快但很重要的真相，例如你开发的产品没有用处或没有人需要。

但问题是，大多数网站雇不起专业人员——至少雇不起专业人员进行多轮测试。即使雇得起，也没有足够的专业人员[⊜]可以雇。

更重要的是，我并不认为业余人员不称职，就我个人而言还没有见到过这样的情况。多年来，我一直在征集可用性测试导致产品更糟糕的例证，却没有得到任何回应[⊜]。

这种情况并非不会发生，但极其少见。在大多数情况下，我怀疑这是有人出于个人目的假借公正的可用性测试之名操纵测试过程的结果。

另外，我对业余人员会抢走专业人员饭碗的说法也持怀疑态度。首先，这种工作并不是专业人员着重做的。

在 2001 年的 UPA® 会上，Jakob Nielsen 在他关于可用性未来的发言中完美地阐述

⊖ 而且不会因为一轮测试就用掉全部的可用性预算。

⊜ 即使做最乐观的估计，全球的可用性专业人员也只有大约 10 000 人，而且其中只有一部分以测试为生，而全球的网站至少有 10 亿个。

⊜ 事实上，我一直在考虑设立 Krug 奖：前 10 个提交这种例证的人将分享 1000 万印尼卢比（约合 1090.16 美元）的奖金，但没有任何人回应，对此我印象非常深刻。

㉃ UPA 指的是可用性专业人员协会（Usability Professionals Association，www.upassoc.org）。如果你最终决定从事可用性方面的工作，强烈建议你参加 UPA 年会。它通常于 6 月在一个很热的地方举行，但这是一个杰出的会议，涉及的主题非常实用（而不是学术性的），与会人员也很友好。

了这一点。他指出每个人都应该进行简单的用户测试（对设计进行调试），而专业人员应该致力于对技能和经验要求更高的工作，如定量测试、比较测试和对新技术的测试。他指出，资深的专业人员应该更要致力于真正尖端的工作，如国际化测试和新方法开发（例如深入思考以及与同道交流）。

根据我的经验，接触过测试的人几乎最终都会对它的价值深信不疑。因此我的观点是，如果有更多的人自己进行测试（以及更多人观看测试过程），专业人员将有更多的工作机会，而不是更少。

就我个人而言，如果要在可用性方面花钱，我将请专业人员做专家评估，然后自己进行测试，或者请一位愿意教我自己进行测试的专业人员进行第一轮测试。

本书不介绍的内容

本书不包含如下内容。

- **各种测试方法。**可用性测试类型众多——定性、定量、总结性、形成性、正式、非正式、大样本、小样本、比较测试和

基准测试等，它们的用途各不相同。

下一章的开头将讨论一些测试类型，但需要知道的是，本书只介绍一种测试，那就是简单、非正式、小样本的 DIY（Do-It-Yourself）可用性测试——有时称为简化的可用性测试。

- **对核反应堆仪表板、控制交通管制系统以及错误使用可能导致人员伤亡的系统进行测试的方法。**本书介绍的测试并不是要确保产品无懈可击，而只是让产品使用起来更容易。在生死攸关的情况下，你应该进行科学的、全面而细致的、大样本的、可重现的定量研究，它的结果通常具有统计意义。至少，我会这样做。

- **唯一而且正确的方法。**大部分测试都有很多方法，如果可以选择，我通常会选择对大多数人来说最适合的方法或对初学者来说最简单的方法，但这并不意味着这是唯一可行的方法。

必不可少的配套网站

本书有一个配套网站（www.rocketsurgerymadeeasy.com），读者可以在这里下载一些文件，例如，测试演示视频以及书

中所有的脚本、表格和材料。

任何人都可以下载这些文件，我希望自己进行测试的人越多越好。这些文件可能会在某些时候更新，但就我对自己的了解而言，这种可能性不大。

箴言？你确实想把它们叫作箴言吗

本书中有一系列称为箴言的东西——实在找不到更好的词了。它们看起来就像下面这样，因此很容易找到。

宽松招募并采用相对评分法（grade on a curve）[⊖]。

这些箴言是什么呢？有点像他们说的关键成功要素。在教别人自行进行测试的过程中，我发现只要牢记几个关键点就能成功，但出于某些原因，人们好像很难完全记住。因此随着时间的推移，我将它们浓缩成了更好记的箴言。

即使将这本书上所有的内容都忘了，也别忘记这些箴言，它们是最重要的建议。你会在第 15 章找到所有箴言的列表，它们适合装框并挂在墙上。

一些鼓励的话

准确地说是四个字：你做得到。

多年来，我将"这并不难"（it's not rocket surgery）作为公司的座右铭，因为我深信大多数可用性测试工作从本质上来说并不太难。我还没有遇到不能做可用性测试的人，而显然做一些测试比不做要好得多。

鉴于你正在阅读本书，你很可能是公司或部门的用户代言人——最有兴趣确保产品（网站或桌面应用程序等）是用户友好的。

公司对你这种兴趣提供的支持可能不多，你甚至得不到任何支持。也可能你获得的是精神上的支持，而不是资源方面的支持。因此，你只能在业余时间从事这项工作。

但是请振作起来，不要气馁。可用性测试很容易，几乎任何人都能做到，你下周就可以开始。

⊖ 相对评分法指的是根据预定的成绩分布曲线确定参与者的评分。例如，如果要给参与者打 1～3 的评分，而预定的成绩分布情况为 1 分占 70%、2 分占 20%、3 分占 10%，则不管参与者的实际表现如何，都给排名前 10% 的参与者打 3 分，给排名 10%～30% 的参与者打 2 分，给排名后 70% 的参与者打 1 分。——译者注

另外，还有经常被人们遗忘的一点是，这很有趣。我认识一些已经从事可用性测试多年的人都仍然觉得它令人激动并对此乐此不疲。

那么尽早开始，让测试尽可能简单，享受乐趣吧！

FAQ

这本书是不是新瓶装旧酒呢？

谁让你进来的？

Don't Make Me Think 的第 9 章

不是，绝对不是。我的前一本书介绍如何设计以提高可用性，而本书介绍如何进行可用性测试。

从某种意义上说，本书是 *Don't Make Me Think* 中第 9 章介绍如何进行可用性测试的扩充版[⊖]。

令人欣慰的是，很多人都写信告诉我，他们已经开始根据该章的简短介绍进行测试了，而本书就是介绍如何进行测试的完整指南。

另外，*Don't Make Me Think* 的所有标题都是红色的[⊖]。

如果并不打算做任何测试，是否还应该阅读本书呢？

是的。即使你确信你不会去做任何测试，也建议你阅读本书，你将发现有关章节——尤其是有关如何修复问题的章节值得一读。

另外，强烈建议你即使不做完整的测试，也应该花半个小时对你开发的产品做简单的可用性测试。如果进行尝试，你将发现快速的非正式的可用性测试是一个不错的选择，并可随时进行测试。

是不是过度简化了可用性测试？

是的，这正是关键所在。只要你动手去做，这种可用性测试就极具价值，很多人不做是因为他们认为这过于复杂，因此我将尽一切努力使它尽可能简单。

这本书只适用于网站吗？

本书的重点是网站测试，这是因为当前大多数人都在进行网站开发，同时，这样做也旨在确保本书简短而简单。这些方法和原则也可以用于测试并改进人们使用的其他任何产品，其中显而易见的是 Web 应用程序和桌面软件，但也同样适用于手机、PowerPoint 演示文稿、数码相机说明书以及你在医生办公室填写的表格。我想你可以将本书中的"网站"都替换为"产品"。

为什么在一本新书中包含"FAQ"呢？

这个问题问得很好。这些问题是我在讲座中经常遇到的，我想本书的读者也会存在这些疑问。

⊖ 我一度有些担心因为无意间引用了 *Don't Make Me Think* 中过多的内容而遭受各种指责，但我已经尽力避免这一点。如果没有，希望我至少能够说服自己庭外和解。

⊖ 可在配套网站（www.rocketsurgerymadeeasy.com）查看 *Don't Make Me Think* 的示例章节。——编辑注

第一部分

Rocket Surgery
Made Easy

找出问题

01 | 第 1 章

Rocket Surgery
Made Easy

你看到周围
有大象吗

DIY可用性测试是什么，为何它很有效，
为何很少人这样做

你为什么拿着一只鸡在头上挥来挥去⊖?

为了赶走大象。

这管用吗?

你看到周围有大象吗?

——一个非常古老的笑话

介绍 DIY 可用性测试之前,先说一下什么是可用性测试。

很简单!

观察其他人使用你正在(或已经)创建 / 设计 / 建造的产品,目的是:让它使用起来更容易;证明它容易使用。

可用性测试的种类有很多,但它们有一个共同点,那就是都需要观察用户实际使用产品。

实际使用使得可用性测试与调查、访谈和焦点小组等方法截然不同。在调查、访谈和焦点小组中,你将询问用户对产品的看法或过去的使用体验。

为了将各种可用性测试进行分类,一种有用的方法是,看它是定量测试还是定性测试。

定量测试是要证明某个结论,例如"最新的版本是不是比以前的版本好?"或者"我们的网站与竞争对手的网站使用起来一样容易吗?";这是通过测量诸如成功率(多少人完成了你指派给他们的任务?)和完成任务花了多少时间等指标来实现的。

由于目标需要进行证明,因此定量测试有点像科学试验:它们必须严密,否则结果将不可信。这意味着你必须制定测试方案,并严格按方案测试所有参与者⊖。你必须仔细地收集数据。你必须有足够大的参与者样本,以确保结论具有统计意义。而这些参与者必须能够代表实际用户,这样才能将结果推演

⊖ 当前,编程领域有一个谚语为 wave a dead chicken,指的是自己知道无效但还要做给别人看的工作。——译者注

⊖ 在可用性测试中,将我们观察的人称为"测试参与者"而不是"测试对象",这旨在强调我们测试的不是人,而是他们使用的产品。

到更大的人群。所有这一切都意味着你必须对测试有深入的了解，并在测试中小心行事。

定量测试为了避免测试结果受到影响，你通常要尽最大努力减少与参与者的交互。在极端情况下，参与者独自坐在房间里，主持人通过对讲机发出指令，而观察者通过单向玻璃进行观察并记录数据。

那么，什么是 DIY 可用性测试呢

现在你可能猜到了，我向你推荐的测试位于定性—定量谱系的另一端。

DIY 可用性测试绝对是定性的，它不是要证明什么，而是要让你获得可改善产品的观点。

因此，DIY 测试不用那么正式，也不用那么科学。这意味着你可以测试更少的用户（只要能获得所需的观点就可以），甚至可以在测试中途改变规则。例如，如果第一位参与者不能完成某个特定任务，而且其中的原因显而易见，你可以修改这个任务，甚至让其他参与者跳过这个任务。而在定量测试中不能这样做，因为这将导致结果无效。

基本上，只需要主持人和参与者坐在一起，

将要执行的任务交给他，并让他在执行任务期间进行发声思维就可以了。

不需要收集数据，相反，开发小组成员、客户和其他利益相关方将在另一个房间通过屏幕共享软件观察测试过程。测试完毕后，观察者们将进行总结（debriefing），他们核对所做的记录，并确定要修复的问题以及如何修复它们。

仅此而已。

有趣的是，这确实管用

在做可用性测试讲座时，我总是首先进行一次现场演示——完全临场发挥。我做的唯一准备工作是，选择一位出席者的网站并使用它，找出访客在该网站可能想完成的一个任务。例如，如果是卫生保健网站，我可能选择一个有关预约挂号的任务。

接下来，我让一位志愿者充当测试参与者，并花 15 分钟进行简化的测试（真正的测试通常需要 1 小时，但也可能短到只有 5 分钟或长达一整天）。

结果几乎总是相同的。

- 参与者度过了一段美好的时光，并且因为勇敢地充当志愿者而获得热烈的掌声。
- 网站"所有者"在整个 15 分钟内都忙于记录要修复的问题，并询问能否将录像播放给同事和老板看⊖。
- 每个人最后都想："这么简单？我也能做。"
- 测试结束后，我问："这 15 分钟花得值吗？"所有人都点头表示同意。

现场演示是为了表明 1）这很容易；2）总是管用。有些人认为我之所以能够让测试看起来很容易是因为我做过很多次，但等到讲座结束以后，尝试过测试的每个人都认为这没有什么神奇之处，它确实像看起来那样简单。

必须承认，我在最初几次现场测试演示中有些担心。但到目前为止，我做了大约 50 次这样的测试，每次都管用，无论测试的是哪个网站，也不管参与者是谁。

事实上这确实管用。只要问一问做过可用性测试的人，他都会告诉你这几乎总是管用。只要让人们（任何人）坐下来使用你正在开发的产品，他都不可避免地会遇到一些问题，而这些问题是大部分用户都会遇到的。

但它为何管用呢

只需要做这么简单的工作（让人执行任务并观察）就总能发现严重的可用性问题，这看起来有些不可思议。但只要考虑一段时间（而我考虑了多年），就能明白其中的原因。

- 它之所以管用是因为每个网站都有问题。每个人都可以根据自己的经验了解到这一点。在使用网站的过程中，你经常会遇到可用性问题，而这些问题通常很严重，让你极度沮丧甚至无法完成原本要做的工作。有些成熟的网站可能没有那么多严重的问题，尤其是经过多轮可用性测试以后，

⊖ 有一位所有者在几个月后写信告诉我，看过针对其网站的演示测试后，开发小组马上做了一个简单的修改。他们根据前几个月的数据进行了计算，这种修改将每年为公司节省 100 000 美元。

但不要自欺欺人：你的网站肯定存在可用性问题。我的网站也存在可用性问题，甚至 Amazon 网站也存在可用性问题，而我对该网站的评价很高[⊖]。

- **它之所以有效是因为严重的问题通常更容易被发现。**同样，想想你在其他人的网站中遇到的可用性问题吧。你是否经常这样想：他们怎么可能不知道这种问题呢？很多最严重的问题一眼就能发现，几乎所有人都会遇到。

但是对于我们自己的网站，我们却总是认为这样的问题难以发现。

对你来说，你自己网站的可用性问题可能不明显，因为你知道该网站的工作方式（至少是你认为的工作方式），而用户并不知道，这就是区别所在。

当然，也有一些严重的可用性问题隐藏得更深，这种问题不会有那么多的访客遇到。但是除非有大量资源用于可用性测试（例如，这是你的全职工作），否则强烈建议你重点排除那些显而易见的问题，而大多数网站连这一点都没有做到。

最后：

- **它之所以管用是因为观看用户使用产品能让你成为更优秀的设计师。**虽然大多数网站开发人员都知道诸如"以用户为中心的设计"和"用户体验"等术语，但设计师、开发人员、客户、经理和支票签字者——所有参与设计过程的人都很少花时间观看用户如何使用网站。因此，最终用户变成了抽象的概念，而设计是根据我们自己的想象完成的。

⊖ 经常有人给我发电子邮件指出他们在 Amazon.com 中发现的问题，好像我能针对这些问题做点什么似的。我确实是 Amazon 的金牌会员（每年的费用是 79 美元，换来的是能够在第二天"免费"发货），但我的影响力也仅此而已。Amazon 做了大量的可用性测试，如果你遇到问题，我敢肯定不是他们没有意识到，很可能只是还没有决定怎么处理而已。

通过观看测试过程可以让你更深入地了解用户如何使用产品以及如何为使用而设计产品。这将赋予你设计的智慧，就像旅行可以开阔视野一样。

为什么很少有人进行测试

既然它这么容易而且这么有价值，为什么可用性测试没有成为每个 Web 项目的标准组成部分呢？即使在当前，进行可用性测试的公司也很少，即使做，他们通常也只做一次，那就是在项目即将完成的时候。

在我看来，这在很大程度上是因为大多数人都没有任何可用性测试方面的直接经验，他们还没有认识到测试的价值所在。但是即使他们有这样的经验，也还是有很多似是而非的理由不这么做。

例如，没有时间。测试看起来需要做大量的工作，而大部分人手头的工作还来不及完成呢！大多数网站开发的日程安排都非常紧张，因此一种普遍的态度是"先发布，以后再调整"。

另外，人们普遍不愿意展示未完成的产品。既然我们都知道产品有问题，为什么还要向别人展示并让他们告诉我们已经知道的问题？这不是在浪费彼此的时间吗？谁喜欢向公众展示产品的缺陷呢？

这些说法好像都很有道理，但正如你将看到的，它们并不一定正确。

FAQ

本书讨论的是小样本测试。通过网站分析从大量用户那里收集数据不是能获得更可靠的信息吗？

是的，网站分析让你能够非常精确地了解用户在你的网站中做了什么（72% 的访客在 5 秒钟内离开了主页）。它的样本非常大（实际上是所有用户），数据是根据实际使用情况收集的，而分析工具让你能够提出任何统计性问题并立即得到答案。

但问题是，正如任何可用性专业人员都乐意向你指出的，虽然通过分析工具可以非常详细地了解用户在你的网站中都做了些什么，但它们并不能告诉你用户这样做的原因。例如，如果访客在某个特定网页上花费了大量时间，统计数据并不能告诉你这是因为他们发现这个网页的内容很有用并忙于阅读，还是因为这些内容不知所云，他们正忙着猜测呢。

而可用性测试非常适用于帮助你了解访客的所作所为背后的原因。

在需要找出并修复可用性问题时，可以使用精确的数据分析，它们将告诉你用户都做了些什么，但你无法知道用户是怎么想的。也可以和用户坐在一起一个小时，这能够让你倾听用户的想法并提出探究性的问题。如果必须在这两者之间做出选择，我每次都会选择后者。

02 | 第 2 章

Rocket Surgery
Made Easy

现在我就要把我可爱的助手切成两半[⊝]

DIY可用性测试是什么样的

⊝ 这是魔术中的一句台词，意思是说你就睁大眼睛等着看吧。——译者注

在第 1 章，我描述了自己在讲座中做的测试演示，现在你将观看一个这样的演示视频。

从很大程度上说，它与你将对自己的网站（或应用程序什么的）所做的测试相同，主要区别在于，在实际测试中参与者将完成更多或耗时更长的任务，因此测试过程通常将持续一个小时。

请访问 www.rocketsurgerymadeeasy.com 并播放 "Demo Usability Test" 文件。

1）如果你现在不能上网（例如，在不支持 Wi-Fi 接入的老式飞机上阅读本书），也不用担心，直接进入第 3 章即可。但务必一有机会就马上观看测试演示。

2）观看时别忘了演示结束后我将要求你列出 3 个可用性问题，这些问题是你在观看期间注意到并且最想修复的。

仅此而已吗

是的，仅此而已。没什么神奇之处，也不需要特殊技能。有些参与者遇到的问题更多，可让你迸发出更多的思想火花，而有些参与者遇到的问题更少，但通常你都将从每个参与者那里学到很多。

FAQ

如果不介意，请问你为什么用一整章介绍这么点内容呢?

因为观看测试演示很重要，我想确保你这么做了。

03 | 第 3 章

Rocket Surgery
Made Easy

每个月一个
上午，仅此而已

一个你可以采用的实用方案

正如我在第 1 章所指出的，有很多不进行可用性测试的似是而非的原因，但大多数人不进行测试的主要原因是，他们以为这是一项庞大的工作，我将其称为庞然大物式测试（Big Honkin'Test）。

在讲座中，我制定了一个合理的方案，任何人——无论是大型组织还是个人作坊——都能负担得起，它让你能够在项目进行期间对产品进行多次测试。

这个方案可行而且管用，它发现的问题足够多，但又不超出你的实际修复能力，并且让你能够首先修复最重要的问题。

我喜欢这样总结这个方案。

每个月一个上午，仅此而已。

基本上，这相当于每个月做一轮测试，每次测试三位用户。

在测试当天，你在上午进行三场测试，并在午饭期间进行总结。等午餐结束后，这个月的可用性测试工作就完成了，也知道了要在下一轮测试前修改哪些问题[注]。

这里有两个重要的关键字。

- 一个上午：将测试限制为半天，这意味着只测试三位用户，从而可以简化招募

㊀ 如果你采用的是敏捷开发方法，请参阅本章的 FAQ。

工作，同时将有更多的人来观看测试。

- **每月一次。** 每月一次是不错的频率，这是大多数小组能够承受的测试频率，同时发现的问题足以让你在下一个月忙于修复。如果你宣布了将在每个月的第三个星期四进行现场测试，就可以期望单位的人到时候到现场观看，而开发小组也将在那个时候准备好用于测试的产品。

通过将测试作为固定的例行活动，就不用再决定什么时候测试，而只需要在测试的当天对准备好的内容进行测试就可以了。如果必须考虑什么时候进行测试，结果就是不会经常测试。

比较 DIY 测试和庞然大物式测试

"每个月一个上午"不仅仅指时间上的安排，它还意味着让测试尽可能简单，以便经常测试。

DIY 测试并不像庞然大物式测试那样面面俱到，但它将以能够承受的代价提供我们所需要的结果。下面概述了这两种测试之间的差别，本书后续章节将详细介绍各个部分。

	庞然大物式测试	DIY测试
每轮测试所需要的时间	测试1～2天，然后用一周准备总结会，再决定要修复哪些问题	每个月一个上午，这包括测试、总结以及决定要修复哪些问题 午餐结束后，当月的可用性测试便完成了
什么时候测试	网站开发快要完成的时候	在整个开发过程中不断测试
测试多少轮	出于时间和费用方面的考虑，通常只有一两轮	每个月一轮
每轮测试需要多少参与者	5～8名，有时需要10名以说服持怀疑态度的经理	3名
对谁进行测试	招募和目标受众类似的人	必要时宽松招募 经常测试比测试"实际"用户更重要
在何地测试	在租来的实验室中进行，这种实验室有观察室和单向玻璃	现场进行，观察者在会议室使用屏幕共享软件进行观察
谁将观察	2～3天的非现场测试意味着不会有很多人前来观察	半天的现场测试意味着有更多人可以现场观察测试
报告	至少需要一周来准备总结会	一封1～2页的电子邮件，对总结会期间做出的决定进行概述

	庞然大物式测试	DIY测试
由谁来找出问题	通常由主持测试的人对结果进行分析并提出修改建议	在当天的午餐期间，整个开发小组及任何利益相关方对所做的笔记进行核对，并决定要修复哪些问题
主要目的	一个长长的问题清单（有时包含几百个问题），根据严重程度对问题进行分类并确定轻重缓急	一个简短的清单，其中包含要在下一轮测试前修复的最严重问题
是否对着参与者的脸录像	是的，观察者需要看到参与者的反应（尤其是挫折感）	否。通过屏幕观看参与者执行的操作并清晰地倾听他们说话就够了
费用	如果雇人来做，每轮大约5000～15 000美元	每轮几百美元

FAQ

真的每个月只需要一个上午吗？

不，不完全是这样。我说的是测试和总结只需要一个上午就能完成。对团队的大多数人来说，这是他们每个月需要花的时间。

但作为主持人，你需要为每轮测试做些准备工作：决定测试什么内容、选择任务、编写情景、招募参与者以及让所有利益相关人参加。

第一次测试时，至少需要两三天才能完成这些准备工作，但对于以后的测试，可以将时间大幅削减到两天甚至一天。

可以以更高的频率测试吗？

当然可以。每个月一个上午只是最低要求。不管你开发的是什么产品，多做一些测试都会有好处。

重点是至少每个月要进行一轮测试。只要你在某个月的第三个星期四中断测试，就又需要重新做出什么时候进行测试的决定，这意味着测试的频率将急剧下降。

我们采用的是敏捷开发方法，每个月只需要一个上午进行测试？太好了！

鉴于敏捷开发[⊖]的周期很短，如果等一个月

⊖ 出于方便考虑，这里只说"敏捷开发方法"，但实际上指的是任何这样的软件开发方法，即开发周期短，并优先考虑迭代和适应性，而不是长期的预先规划。

才测试，黄花菜都凉了！在这种情况下，可能是"每个开发周期一个上午，仅此而已"。

从很多方面来说，DIY 测试非常适合用于敏捷开发方法，这种方法的基本原理在于快速开发出产品的一部分并呈献给用户。唯一的问题是，在很多情况下这些"用户"是负责开发工作的小组成员（你需要改变这种状况）。

由于每个月需要多测试几轮，你可能想让每轮测试更简单（例如，测试两位参与者，而不是三位），并偶尔采用远程测试（请参阅第 14 章），这样可以节省大量时间。但除此之外，测试过程几乎完全相同。

在敏捷开发环境中进行可用性测试面临的最大挑战是，你需要始终走在快速行进的程序员前面，他们没有时间建立原型（他们编写的都是可以工作的代码）。

这意味着你可能需要花些时间创建他们下一个周期开发工作的原型。因此，在每轮测试中，你可能需要测试开发小组在上一个周期所做的开发，还需要测试他们接下来的开发工作原型。

必须在上午测试吗？

并不是一定要在上午测试。例如，有些参与者可能在工作期间参与测试有困难，你可以选择在下午 6～8 点进行测试（提供晚餐以提高观察者的参与热情），并在第二天的早餐或午餐期间进行总结。

这里的要点是在半天内完成所有测试，以便能让尽可能多的人前来观看，并在每个人都还对细节记忆犹新的时候进行总结。

如果有人说每次只测试三位用户没有统计意义，什么也证明不了，我该如何回应呢？

你该这样回应：

"你说得太对了，测试这么少的参与者不可能得到有统计意义的结果。样本太小了，甚至都不用劳烦统计学的大驾。但这种测试并不是要证明什么，而是要找出并修复主要问题来改善产品质量。这种测试很管用，因为大多数需要修复的问题都显而易见，根本不需要证明。"

这样说时请尽可能使用令人信服的语气，并报以友好的微笑。

这种测试的总费用是多少呢？

下面是 DIY 测试的年度支出（不包括你的时间成本）。

	每一项的成本	每年的费用
麦克风	25美元	25美元
扬声器	25美元	25美元
屏幕录制	Cantasia：PC版为300美元，Mac版为150美元	150～300美元
屏幕共享	GoToMeeting 50美元/月	600美元
观察者的点心/午餐	100美元/月	1200美元
报酬	50～100美元每人×36位参与者	1800～3600美元
	年度总费用（大约）	4000～6000美元

如果没有申请到预算，可以采用下面的简 化版。

	每一项的成本	每年的费用
麦克风	25美元	25美元
扬声器	25美元	25美元
屏幕录像	CamStudio（开源）	0美元
屏幕共享	NetMeeting（免费）	0美元
观察者的点心/午餐	100美元/月	1200美元
报酬	咖啡杯、T恤衫或25美元的礼券×36位参与者	0～900美元
	年度总费用（大约）	1250～2150美元

04 | 第 4 章

Rocket Surgery
Made Easy

测试什么，
何时测试

为何最难的是尽早开始测试

下周吧，
到时候我们将有一张在更大的餐巾纸上绘制得更好的草图。

——每当我要求看餐巾纸上的设计草图时，客户都这样说

如果要观看其他人如何使用你设计的产品，就必须有产品让他使用，这很容易理解。这意味着你必须决定每个月都测试些什么。

人们通常认为要开始测试，就必须有能够

工作的东西——即使不是成品，也至少是可以工作的原型。

但是如果说可用性专业人员也有看法一致的地方，那就是应该尽早进行测试。

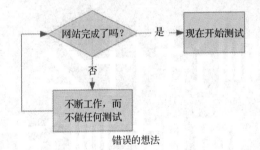

错误的想法

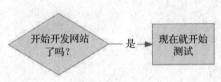

正确的想法

他们根据经验得知，在开发过程的早期就可能发现严重的可用性问题，哪怕这个时候可以展示的东西很少。

他们还知道，如果能尽早发现可用性问题，修复起来将容易得多，付出的代价也小得多，可以将问题消灭在萌芽状态。有时候一些严重问题由于发现得太迟而根本无法修复。一种最糟糕也是最常见的做法是，等到网站建成并要发布的时候才进行测试。

遗憾的是，专业人员也知道人们对尽早测试存在抵触情绪，下面是一些常见的理由。

- **我们做的工作还不够多**：毕竟，如果产品还不能运行，用户怎么能使用它呢？事实上，越早向用户展示设计理念越好，最好有了第一个草图就向用户展示。
- **太粗糙了**：设计师通常不愿意展示还没完成的作品，但是面对粗糙的作品时，

用户可能更愿意大胆评论，因为他们知道设计肯定要修改。

- **为什么要浪费别人的时间让他们审阅自己都知道要修改的设计呢？** 在设计过程中，你心目中总是有比通过代码或稿纸呈现的设计更好的版本。是的，用户会遇到你早已心知肚明的问题，但是也可能会给你带来一些意想不到的惊喜。事实上，你很可能获得惊喜：因为你只见树木不见森林，或者存在一些因为没有像想象的那样了解用户而没有考虑到的问题。

在何时进行测试方面，我能提供的最佳建议是：

尽早测试，越早越好。

你的本能反应是等一等，这无疑是最糟糕的。设计越糟糕，就越不愿意给别人展示，而越给别人展示，好处越多，这真是一个悖论。

在整个项目开发过程中，项目小组将生产各种设计产物：草图、线框图、网页设计、工作原型等。通过测试所有这些产品以及现有网站和其他人的网站，你将获益良多。

在本章接下来的篇幅中，我将为大家介绍可以进行测试的各种内容、怎样测试它们以及将从中得到什么。

测试现有的网站

如果你已经有一个网站并打算重新设计，显然应该首先对它进行测试。

怎样测试

按第 5～9 章详细介绍的过程进行测试。

将从中得到什么

你将了解到当前的很多错误做法，从而可以在重新设计时避免它们。你可能想更进一步，先修复你发现的一些最糟糕的问题。重新设计需要时间，为什么要让用户的痛苦等到重新设计完毕后才得以解脱呢？

你还将了解到一些以前不知道的用户访问行为。

测试其他人的网站

在设计自己的网站之前，通过测试其他人的网站可以获得很多经验教训。这可能是竞争对手的网站，也可能只是内容或目标用户与你即将组建的网站类似的网站，又或者某个提供了你打算实现的功能的网站。

其他人的网站是一种没有得到充分利用的资源。对于你想要解决的问题，肯定已经有人经过艰苦努力解决了，你可以充分利用他人留下的劳动成果。

大多数人并不重视这种机会，然而这样做可以避免你付出大量的劳动。例如，如果要搭建一个旅游网站，可以观看访客如何在其他旅游网站订旅行服务，这将让你学到很多东西。

怎样测试

按第 5～9 章详细介绍的过程进行测试。

让参与者完成访客将在你的网站中完成的一些重要任务。你可能想让每位参与者在两三个竞争对手的网站中完成相同的任务。

但在总结会（这将在第 10 章介绍）期间，小组应该讨论哪些功能很好、哪些功能欠佳以及从中可学到哪些经验教训，而不是确定哪些问题最严重（因为你显然不会去修复它们）。

将从中得到什么

这里的目的是从他人那里学习经验教训：哪些做法可行、哪些做法不管用。

可以想见，测试他人的网站对市场营销人员和管理层很有吸引力：他们总是对竞争对手的做法充满好奇。这是一种吸引他们前来观看测试进而关注测试的高明手段。

测试他人的网站还是一种在没有任何压力的情况下进行测试的好方法，可以避免开发团队的抵触情绪，因为测试的不是他们开发的产品。

测试餐巾纸上的草图

在任何项目的早期规划阶段，都可能有一些草图或概念示意图，我通常称之为"餐巾纸上的草图"（这些草图可能确实是绘制在餐巾纸或餐具垫上的）。例如，对于网站，你可能有主页或产品网页的草图。

对餐巾纸上的草图进行测试总是值得的。

怎样测试

餐巾纸测试并不是完整的测试，这类似于主页浏览，就像我在测试演示中所做的那样。每次测试都不超过五分钟。可以让朋友、邻居或你遇到的任何人来进行餐巾纸测试，也可在实际用户聚集的地方（如展览会或用户组会议）进行这种测试。

具体步骤如下所示：

1）随便找一个人（或多人）。

2）问他们是否能够帮忙看看草图。

3）将餐巾纸草图递给他们（这可能是整洁的示意图，也可能就是餐巾纸上的草图）。

4）让他们解释该草图以及该草图表示的是什么。

注意，你要询问的不是他们的看法（你喜欢该草图吗？）或反馈（你对这个草图怎么看？），而要让他们看草图并尝试确定它是什么。

5）仔细倾听。他们可能这样说：这看起来像是网站的主页，你想通过它销售____。这些是你要销售的产品。这里有"Store"的字样，我猜我可以在线订购产品，但不确定这个叫"Incentives"类别是什么意思。

如果愿意，你也可以提出一些探测性的问题，例如"你认为 Incentives 是什么意思呢？"。

如果他们的描述符合你的预期，就可以用一块更大的餐巾纸继续绘画了。然而，通常草图中有些东西是他们无法理解的，或他们的解释与你的预期大相径庭，这让你能够在开发开始之前就发现一些重要的问题，并且可以立刻修复他们。

将从中得到什么

你可以了解到你的概念是否容易理解，也就是能让访客弄明白。他们将让你确信自己处在正确的轨道上，或他们将指出一些基本问题，让你能够尽早着手处理。

这里给你提供一个我自己的例子。长久（实际上是多年）以来，我都想将把本书叫作 Krug's Field Guide to Users，而整本书的设计将模仿观察研究野鸟的图书，包括开本、形状和外观。

我想这是一个不错的主意，事实上我认为这是一个惊人的主意。我太喜欢了，只要想一想，就能让我兴高采烈。为了激发灵感，我将封面的草图贴在了办公桌旁边的墙上[⊖]。

接下来我做了一件蠢事：根据自己的建议对此进行了测试，结果大家都口诛笔伐。

- 每个人都认为这就像一本有关观察研究野鸟的图书，他们都认为这是个"好"主意。
- 他们无不认为这是一本研究各种网站用户的图书。当我告诉他们该书介绍的是可用性测试时，他们都很惊讶。他们不是对我撰写有关测试的图书表示惊讶，只是封面误导了他们。

不识庐山真面目，只缘身在此山中。是我自己了解得太多了。

测试线框图

绘制草图后，网站设计的下一步是创建线框图。

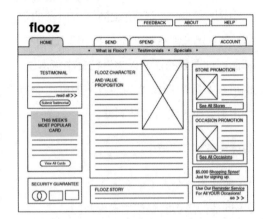

线框图实际上是网页的示意图，它通常呈现了网页上的各种内容以及它们相对的突出程度，还有诸如菜单和搜索等导航工具。

怎样测试

你可以通过虚构任务测试线框图，这些任务通常都与导航相关："你将怎么找到___？""你希望点击这个链接以后看到什么？"。

线框图测试不需要很长时间，因为用户使

⊖ 实际上，还有一个我更喜欢的书名：The Junior Woodchucks Guidebook（这本书可以放到口袋里，Donald Duck 的侄子 Huey、Dewey 和 Louie 总是随身带着它，其中有关于任何主题的信息和建议），但我知道这将让迪士尼公司负责知识产权的工作人员大发雷霆。

用它们可以做的事情不多，所以通常可以将这种测试与其他测试（如测试现有网站或他人的网站）一并进行。

将从中得到什么

这里主要测试的是分类和命名方案：访客能不能找到需要的东西？你使用的类别名称是不是合理的？导航的工作原理是不是清晰的？例如，你可能发现网站是根据组织结构图组织的，而访客并不以这样的方式思考。

测试网页设计

通常，网站由几个独特的网页（如主页）以及一系列重复但包含不同内容的模板（如栏目首页、文章网页和产品网页）组成。创建线框图后，接下来通常需要将这些不同类型的网页可视化（或者制作样稿）。线框图的重点是交互，而样稿（comp）的重点是视觉设计。

怎样测试

你从主页开始向参与者手工展示样稿，并让他们描述每个网页（详情请参阅第 8 章）。

将从中得到什么

这样做的目的是检查视觉设计是否带来了可用性问题。访客能明白每个网页的工作原理吗？

测试工作原型及其他

在接下来的项目日常安排中，你将对可以工作的网站部件进行测试，从原型到完成的栏目再到完成的网站。

怎样测试

按第 5~9 章详细介绍的过程进行测试。

将从中得到什么

改进网站所需要的所有观点。

05 | 第 5 章

宽松招募和相对评分法

让什么人参与测试以及如何找到他们

现在,烦人(至少对我来说如此)的部分就要开场了:招募测试参与者。

Jakob Nielsen 认为这项工作单调乏味,确实如此,它就是确定要招募什么人、找到他们、安排时间约见并让他们到场。

我从来就没喜欢过这项工作,可能因为它是测试过程中唯一与可用性关系不大的部分,也可能是因为我生性不适合这种工作(这要求你做事井井有条,而且对与陌生人交流乐此不疲)。有一些人很擅长这么做,还有一些人乐在其中。

但无论喜欢与否,如果要观察参与者,就必须找到可供观察的人。与测试过程的其他部分一样,你希望它越简单越好。

该过程可以归纳成以下几个问题。

- 招募什么样的人参与测试?
- 需要多少?
- 如何找到他们?
- 如何补偿他们付出的时间?

招募什么样的人参与测试

在确定招募什么样的人方面,几乎所有的人想法都差不多。

这看起来完全合理，毕竟：

- 这是显而易见的。对于那些不会使用你的网站的人，对于他们能否使用你并不关心，为什么还要他们参与测试呢？
- 在测试中，有代表性的用户更可能与实际使用网站的人遇到相同的问题。
- 非目标用户可能遇到实际用户不会遇到的问题（假阳性现象）。
- 目标用户具备其他人没有的专业领域知识⊖。

但事实证明，选择能够代表目标用户的人进行测试并没有看起来那么重要，也没有那么简单。

就拿专业领域知识来说吧。

显然，在有些情况下，专业领域知识和经验很重要。例如，如果要测试的是用于订购专业起重机的表单，访客必须在其中填写诸如跨度、起重臂高度和起重量，则可能希望参与者对起重机有所了解。

但即使在专业领域知识很重要的情况下，这也可能很难说。

- 目标受众可能比你想象得更变化多端。例如，新手通常没有专业领域知识，但也需要使用你的网站。如果你在线销售汽车保险，可能想将重点放在有车且有一定车辆保险知识的人身上，但也希望首次购车的人能够使用你的网站。
- 被假定拥有专业领域知识的人不一定都具备你认为他们应该具备的知识。例如，几年前我对一款为房地产中介设计的产品进行了可用性评估，界面有一个专业术语非常显眼，但我不知道它的意思，因此

⊖ 专业领域知识指的是特定领域的专业知识。例如，房地产经纪人知道很多有关抵押贷款、财产税、分区制等方面的知识。我最喜欢的例子是，要获得在伦敦驾驶出租车的执照，需要通过考试来证明你熟悉 320 条穿越伦敦的行车路线，这包括途径的各条小巷的名字和顺序、交通信号灯以及附近所有的旅游点。要获得这些知识，需要花几年的时间。

我向设计师请教。设计师们说每个中介都知道这个术语，而且他们也经常用到。后来，我请一位向我卖过房子的中介做了一次快速的可用性测试，结果他一看到这个术语，就指着它问："这是什么意思？"

很多最严重的可用性问题与专业领域知识毫无关系，而与导航、网页布局、视觉层次等相关（就是那种几乎任何人都会遇到的问题）。

我并不是说你不应该招募更接近实际用户的参与者（在确实需要实际用户时，请务必招募这样的参与者），而是说不要生搬硬套。对有些网站来说，找到实际用户没有任何问题，但对其他网站来说，这样做将耗费太多的时间，而且费用高昂，而这并不总是必要的。

是的，有些问题只有通过观看目标用户使用网站才能发现，但很多问题通过观看任何一个人使用网站也可以发现。在可用性测试初期，网站可能存在大量严重问题，这些问题几乎任何人都会遇到，因此开头可以非常宽松地招募参与者。随着时间的推移，你可能想更多地依赖于实际用户，但即使在这个时候，我也会在每轮测试中招募一名"棒槌"。

我还发现，不属于目标用户的参与者有时

也能够发现实际用户无法发现的问题，因为他们是从局外人的角度看待网站，这就是"皇帝的新装"效应。我宁愿要一个有一定常识、善于表达和交流的局外人，也不想要神情十分紧张、说话怪异的实际用户。

多年来，我就有一个有关招募的箴言。

宽松招募并采用相对评分法。

这意味着尽可能寻找能代表目标受众的用户，但也不要在一棵树上吊死。相反，应该允许测试参与者与实际用户之间存在一些区别。

当参与者遇到问题时，问问自己：目标用户是否也会遇到这种问题？还是由于参与者不熟悉术语或不具备专业知识导致的，而实际用户绝对不会遇到？

三位参与者足矣

在可用性社区，对于需要多少位测试参与者长期争论不休，就像一场几十年来一直没有扑灭的煤矿火灾。

几乎所有人都同意这一点，让越多的用户完成相同的任务，回报越少：因为测试的用户越多，发现的新问题越少。不过大部分的研究以及争论，都集中在到底测试多少用户才会发现产品的大部分可用性问题，例如，"测试五位用户将发现 85% 的问题"。

但对 DIY 者来说，这种说法是错误的。你并不是要发现大部分问题，而只是想发现一些可以修复的问题。

经过多年的实践，我决定在每轮测试中招募三位用户。

- 前三位用户很可能会遇到你的测试任务里最重要的那些问题。
- 找到三位参与者需要的工作比找到更多参与者要少。
- 与最大限度地利用每一轮测试相比，多做几轮测试要重要得多。如果每轮只测试几名用户，那就更容易多做几轮测试。
- 测试三位用户使得测试和总结可以在同一天完成。
- 测试的用户较少时，更容易说服相关人员前来观察。

- 除回报不断降低外，对主持人和观察者而言还有一些其他的问题。从测试第四位用户开始，观察者通常会吃更多的点心、更多地查看语音邮件，以及有更多闲聊。
- 当一次测试的用户超过三位时，通常会得到更多没有时间处理的笔记，而其中很多问题都是无关痛痒的。这可能会掩盖更严重的问题——"只见树木，不见森林"效应。
- 测试大量用户可能发现过多的问题，而对这些问题进行鉴定和优先级排序本身就是一个问题，需要产生额外工作量。

摆脱困境的简单之道：花钱解决问题

可以将这项工作交给为焦点小组招募参与者的人员，具体招募过程完全相同。要找到这样的人员，只需在网上搜索关键字"焦点小组租赁"或"市场研究"。租赁焦点小组设施的人通常会帮你招募参与者，即使你不租用他们的场地，他们也可以推荐从事这项业务的人。

招募人员将与你一起确定要招募什么样的人，然后他们将找到候选者（通过他们的数据库或广告）、进行筛选、安排时间甚至发提醒邮件以确保他们到场。

这些服务的收费没有你想象得那么高，每位参与者的招募费用可能不超过 100 美元，如果需要的参与者不好找，收费可能高一些。

在测试过程中，招募是唯一一项我建议外包的工作。不过既然这是一本介绍 DIY 测试的图书，在这里我们假设你将亲自进行招募，那么接下来将介绍如何完成这项工作。

到哪里去寻找参与者

首先需要做的是考虑到哪里去寻找你需要的参与者。这让我想起了 Willie Sutton 被问到为什么要抢劫银行时做出的回答（"因为钱在那里"）：到你要找的人经常聚集的地方去。

例如，如果要招募老年人参与测试，可考虑前往老年人活动中心和图书馆。如果要招募产品用户，可尝试用户组、SIG 和展览会（你甚至可以在展览会进行现场测试）。

如果要招募使用你的网站的人，可以在主页添加一个招募链接，也可以在网页创建弹窗邀请。

如果什么人都可以，考虑一下朋友、家人和邻居。不要觉得你是在强人所难，因为大多数人都会喜欢这种经历。有人认真对待你的看法还为此付钱本身就是一件很有趣的事，而且参与者还可以学到一些以前不了解的网站或计算机方面的知识。

请公司的同事参与测试很有诱惑力，他们是现成的参与者，更容易找到，而且他们可能愿意伸出援助之手。如果是一个很大的企业组织，甚至可以找到背景与实际用户相符的同事。

但他们很可能知道得太多了。对于参与目标产品开发、支持、销售、培训和文档编写的同事，显然不能请他们参与测试。但单位内部可能有对目标产品知之甚少的员工，例如，参与其他产品开发或其他部门的人、行政人员、前台接待、财务或人力资源部门的人员。

另一方面，如果测试的是公司内部网，则新员工是最佳人选。他们通常渴望给人以良好印象，可能拥有专业领域知识，而且他们就是目标受众。

有一类候选参与者，我几乎可以保证不可

行，虽然他们看起来很合适，那就是市场营销部门提供的用户清单。这可能是市场营销部门的一番好意，但根据我的经验，结果通常不会太好：要么管理层不想让客户过早了解产品，要么涉及隐私问题等。我只知道我从来没见过这类参与者可行的情形。

如果确实很难找到特定类型的用户，可以考虑进行远程测试（这将在第 14 章介绍），这样招募将容易得多，因为这一下子将潜在的参与者从"住在附近的人"扩大到任何有宽带 Internet 连接的人。

发出邀请

决定到哪里去招募后，便需要发出招募参与者的通知。例如：

> 我们将在 6 月 25 日（星期四）对网站进行可用性测试，现招募几位参与者。测试将在我们的办公室进行，持续时间大约一小时。特招募有在线支付账单经验者。
> 如果你有意且当日有空，请给 Larry Smith 发邮件，邮件地址为 lsmith@companyname.com。请在邮件中提供你的姓名、电话号码以及合适的联系时间。

不要提供你的电话号码，否则你的电话会被打爆。和听几十个语音电话相比，浏览几十封电子邮件的效率要高得多，何况你要招募的人不会没有邮箱。

在什么地方发出邀请呢？你认为有人看到的任何地方。

- 张贴到布告栏和论坛。
- 发布到留言板。
- 通过你的工作或个人关系发邮件，并请这些人将邮件转发给他们认为对此感兴趣的任何人。
- 在主页中放置一个招募链接或创建弹窗邀请。

最近几年，使用 Craigslist 找到参与者的可能性好像很大。

遴选最合适的参与者

找到大量可供选择的人后，需要进行遴选，这意味着需要通过电话进行简短的交流。

通过电话交谈，你需要完成下面几项工作。

- 核实他们在测试的当天是否有时间。
- 核实他们是否具备所需的资质（信不信由你，有些人会为了一点报酬夸大其词，而你不想直到测试的前一天还蒙在鼓里）。
- 让他们做好心理准备：测试将持续大约一小时、他们将使用一个网站、你将在测试期间录像（但不会对着脸）等。
- 告知他们将为付出的时间得到什么样的补偿。
- 判断他们是否是优秀的参与者。看起来是不是能接受发声思维（think aloud）？是否善于表达？
- 安排到三个测试时段之一。

后续措施

撂下电话后，马上发送招募邮件以核实时间安排并提供详细信息：何时、何地、干什么。邮件中应包含如下信息。

- 前往测试地点的行车路线（自驾路线和公交路线）。
- 在哪里停车。

- 测试房间的具体位置。
- 发生突发事件时可在测试当天或前一天晚上联系到你（或其他人）的电话号码。
- 保密协议（如果有的话）以便他们在测试之前阅读。

测试前给他们打电话以核实他们能够参加并解答任何疑问。

礼尚往来

多年前有位令人愉快的老板给我发奖金时附带了一张卡片，上面写着"自腓尼基人发明货币以来，仅有感激便不够了"。

但是有时候只有感激就足够了。有一些人，例如政府员工，不允许因为充当测试参与者接受任何东西；还有些人乐意伸出援助之手，如产品用户，他们对你能够向他们请求帮助感到心满意足或渴望能够为你以后的开发计划尽绵薄之力。在这些情况下，写封感谢信就可以了（当然不能是电子邮件）。

还有些人能获得实实在在的纪念品（杯子、T恤或产品）就非常满意。

但在大多数情况下，需要给参与者付出的时间以合理补偿，包括往返时间。

通常，对于普通网站用户，每小时测试的报酬大约为 50 美元，而对于特定领域的专家（如心脏病专家），报酬为几百美元。这在很大程度上取决于参与者对其时间的估值。我喜欢给参与者支付比平均工价高一些的报酬，因为这清晰地表明我看重他们的看法，也让参与者更愿意按时到场并积极参与。

每种支付方式都有缺点。如果给现金，就必须取现、保管并索要收据。而使用支票通常需要索要参与者的社会保障号，还需要让财务部门预先开好支票。

最简单的方法可能是送礼券，而 Amazon 和 AMEX 的礼券似乎最方便也最受欢迎。

储备备用参与者

如果和参与者建立了个人关系，大多数参与者将在测试那天到场。但有时候，你只能焦急地看着表，却不知道下一个参与者在哪里。参与者的汽车可能启动不了，也可能迷路了，等等。

如果参与者没有到场，观察者就可能起身回办公室，再也不回来了。

为了避免这种情况，应该准备一位备用人选。根据招募的宽松程度，有两种选择。

- **任何人，一位可以随时到场的人**。可以是你认识且在同一幢大楼的另一家公司的员工，也可以是本公司另一个部门的员工。
- **可以远程测试的"实际用户"**。如果备用人选需要满足特定条件，通常不太可能在附近就有而且刚好有空。在这种情况下，远程测试将成为你的救命稻草，这类似于电视节目"谁想成为百万富翁"中打电话向朋友求助的环节。

无论选择哪种方式，备选人都必须在整个上午"待命"：可暂时放下手头的工作，并到你的办公室或接听电话一小时。

FAQ

只测试三位用户有没有可能遗漏一些严重问题呢？

不是可能，而是肯定会遗漏一些严重问题（如果只进行一轮测试）。这也是需要进行多轮测试的原因所在。

在后续的测试中可以继续邀请原来的参与者吗？

在很大程度上说，不能。一旦参与测试，参与者就对产品了解太多了，因此不能在以后测试同一个网站或应用程序时继续邀请他们。

但可请他们测试其他网站或应用程序。事实上，你可能很想这样做，因为你已经了解了他们的兴趣爱好，并且知道他们是优秀的参与者。请将他们介绍给单位的其他小组。

我大体上知道了，但是觉得需要更多的建议。

在本书配套网站[⊖]中推荐的推荐读物清单中，每本全面介绍可用性测试的图书都详细介绍了招募方法；但如果你想更深入地探索该主题，Jared Spool 和 Jokob Nielsen 都发布了有关如何招募的优秀报告。

⊖　可以访问华章图书官网 http://www.hzbook.com 查看这些图书清单。——编辑注

06 | 第6章

给他们找些事做

挑选要测试的任务并撰写测试情景

要观察人们使用你设计的产品，必须给他们找些事做。这个过程由两步组成。

- 首先选择要测试的任务——你想让他们做的事情。
- 然后将这些任务扩展为测试情景——添加了为完成任务必须知道的背景细节。

1）网上预约挂号
2）选择一位医生
3）取消预约

你需要给11岁的儿子预约理疗挂号，理疗必须在放学后，而您儿子下午2点放学

网上预约挂号

首先，制定一个任务清单

第一步是制定一个清单，包括访客在你的网站中需要完成的那些最重要的任务。

现在就来试试。

1）拿张纸。

2）列出访客需要在你的网站中完成的5～10件最重要的事情。

例如，下面是我针对自己的网站制定的清单。

- 获取有关讲座的信息
- 报名参加讲座
- 阅读我编写的图书样章
- 购买我编写的图书
- 查找有关我提供的咨询服务的信息

  现在，请你列出自己的清单，我等着。我还在等。

  这并不太难，是吗？（你确实列出了清单，对吗？你不能光说不干，应该真正尝试一下。这只需要一两分钟，我等着呢。）

列出访客在网站中需要完成的重要任务清单很容易。事实上，当我要求整个 Web 小组的成员列出这种清单时，总是会惊讶地

发现他们列出的很多任务是重叠的。在这方面，他们确实能达成一致。

这里的诀窍是确保测试的任务反映了用户的实际需求，而不是你认为的用户想做的事情。

确定测试任务

制定清单后，需要确定要在本月测试的任务。

在持续 50 分钟的"一小时"测试中，参与者通常有 35 分钟的时间用于完成任务，你可以选择一个足够长的任务，也可选择多达十个小任务。

完成任务的速度因人而异，因此务必准备额外的任务提供给提前完成的参与者。一种不错的"补充"任务是，让参与者在竞争对手的网站中执行测试任务之一。

测试任务取决于以下因素。

- **哪些任务至关重要？** 这是访客必须能完成的事情，否则你的网站就不合格。例如，如果你要在网上销售图书，访客必须能够找到感兴趣的图书，还必须能够付款。
- **哪些任务让你夜不能寐？** 那些你怀疑访客可能会遇到麻烦的地方。它们可能不

够清晰，让访客感到迷惑。
- **其他用户研究表明哪些功能可能不易用？** 你是否问过客户服务人员，他们常听到的问题有哪些？网站分析表明访客在你的网站上遇到了哪些问题？

将任务变成情景

确定要测试的任务后，你便面临一项写作任务：将有关任务的简单描述转换为参与者能够阅读、理解并遵循的脚本。

情景类似于你在表演课中进行即兴表演前获得的卡片：它指定了你的角色、动机、需要做的表演以及一些细节信息。

任务：向哈佛商学院申请博士学位。

情景：获得 MBA 并经过大量研究后，你决定进入哈佛商学院攻读科学、技术和管理博士学位。请申请攻读该学位。

情景提供了一些背景信息（你是…，你需要…）以及用户需要知道的信息（如测试账户的用户名和密码），但不要走极端——不要包含没有意义的细节。

编写情景时，真正困难的只有一点，那就

是不要在情景中提供线索。

措辞必须清晰、明确、易于理解，而且不要使用不常见或独特的词汇。否则，任务将变成简单的找字游戏。例如：

> 糟糕的措辞：定制你的 Launchcast 广播电台。
>
> 更好的措辞：选择你想欣赏的音乐类型。

设置约束条件

在参与者完成任务时，你可能想设置两种限制。

- **不要使用搜索**（当然测试搜索的时候除外）：你通常希望告诉参与者执行任务时不要使用搜索功能。如果他们使用搜索，你实际上测试的将是网站返回的搜索结果是否合适。如果参与者忘记了这一点，并试图使用搜索，你可以提醒他们：你不希望他们使用这项功能。

- **留在网站内**：在大多数情况下，你希望参与者将有限的测试时间都花在要测试的网站上。在大多数情况下，他们都会这样做，因此没有必要预先指出这一点，而只需在他们离开网站时这样做。你可

以这样说，就这次测试而言，我希望你留在当前网站内。

对情景进行先导性测试

编写情景后，需要对它进行预先测试，这称为先导性测试（pilot test）。先导性测试的时间不需要像完整测试那样长，通常只要 15 分钟就能完成，它的目的在于确保情景清晰、完整、明确。

你只需要找个人一起坐在要测试的内容前面，口述情景并让他尝试完成每项任务就可以了，这样，可能很快就能发现场景中任何不清晰的地方。在这种测试中，可以让任何人做参与者，事实上，这是邀请朋友和家人参与的大好时机。

通常，在正式测试前一两天进行先导性测试，此时情景已经编写好，而开发人员和设计师也几乎已经完成了要测试的内容。

将情景打印出来

对情景做完最后的修改后，需要以两种方式将它们打印出来。

```
┌─────────────────────────┐
│   规划一次包括 30 站      │
│   的旅行                 │
│ ┄┄┄┄┄┄┄┄┄┄┄┄┄┄┄┄┄┄┄┄┄┄ │
│   注册以获取你的个人      │
│   退休账户（IDA）信息     │
└─────────────────────────┘
```

- 每张纸一个情景，供参与者使用：在开始每项任务前，将情景交给参与者，供他们执行任务的时候参考。

每个情景都应该打印在一张纸上，并使用超大号字体。我发现最简单的办法是在每张纸上打印两个情景，再将纸裁成两半。

不要设定任务编号，因为你可能想改变任务的执行顺序或跳过某些任务。

- 将所有情景打印在一张纸上，供你和观察者使用。

07 | 第 7 章

Rocket Sugery
Made Easy

一些单调之味
的核对清单

你可能像我一样并不喜欢核对清单，但为何要使用它们呢

我并不喜欢核对清单。对我来说，核对清单通常意味着一个呆板的流程，坦率地说，我很喜欢即兴发挥。但我也喜欢管用的东西，而在有些情况下核对清单确实很管用。

在主持诸如可用性测试这样的活动时，有很多事情必须在特定时间进行，而且有很多细节需要跟踪。你可能记得完成大部分工作，但核对清单让你不会错过每一个事项，尤其是那些每个人都可能忘记的东西。可以肯定，你有时会忘记打开屏幕录制软件，并且直到测试完成了一半才意识到这一点。出于某种原因，这种事情每个人都会遇到，因此我在测试脚本里也添加了这样的提醒。

在测试当天，核对清单让你无须牢记这些烦琐的细节，从而能够从容地将全部注意力集中到参与者身上。

这些核对清单可以从本书的配套网站下载，你也可以根据具体情况对其进行修订。例如，你可能需要提前一个月申请用于支付报酬的现金，还可能需要提前几天向内部食堂请求提供总结会的午餐。

三周前

● 确定要测试什么，如网站、线框图和原型等。
● 制定要测试的任务清单。
● 确定需要什么样的参与者进行测试。
● 发出招募参与者的广告。
● 预订一个能连接到 Internet 且配有一个办公桌、两把椅子和免提电话的要求，时间为整个上午。

$\ominus$ 这个古老的笑话是这样的：传奇导演 Cecil B. Demille 正拍摄一个耗资巨大的场景，场景中有战车、因燃烧而即将倒塌的城堡以及数千名临时演员。拍摄需要一次完成，因此使用了十多台摄像机。表演完毕后，Demille 喊停并通过扩音器向附近山上的摄影师大喊"都拍下来了吗？"而摄影师在山上挥手并大声回答"就等你呢，C.B.！"

- 在测试房间附近找一间休息室，供参与者到达后等待测试。
- 预订一个观察室，它能连接到 Internet 并配有一个办公桌、足够多的椅子（供观察者就座）、免提电话、投影仪和屏幕（也可自己携带投影仪或大型显示器），时间为整个上午。
- 预订观察室或大小类似的房间，供总结和午餐时使用。

两周前

- 从项目小组和相关人员那里获取有关任务清单的反馈。
- 准备参与者的报酬，例如订购礼券、申请现金等。
- 开始遴选参与者并为他们安排测试时间。
- 发送带"日期安排"的邮件，邀请小组成员和相关人员参加测试。

一周前

- 给参与者发邮件，其中包含行车路线、如何停车、测试间的具体位置、迟到或迷路时与谁联系（电话号码和姓名）以及保密协议（如果有的话）等信息。
- 安排备用参与者以防有参与者缺席。
- 如果这是第一轮测试，安装并测试屏幕录制软件和屏幕共享软件。

一两天前

- 致电参与者再次核实，并询问他们是否有问题。
- 发邮件提醒观察者。
- 完成情景的撰写工作。
- 对情景进行先导性测试。
- 获取测试所需的用户名／密码和样本数据，即账号和网络登录名、虚构的信用卡号或测试账户。
- 复印要分发给参与者的材料：
  - ☐ 录像许可表（参见本书末尾）。
  - ☐ 情景（每张纸上一个）。
  - ☐ 保密协议（如果有的话）。
- 复印要分发给观察者的材料：
  - ☐ 可用性测试观察者指南（参见第 9 章）。
  - ☐ 情景清单。

❑ 测试脚本（参见本书末尾）。
- 招募接待参与者的人员。
- 招募观察室管理员，并向他提供观察室管理员指南（参见第 9 章）。
- 确保准备好了提供给参与者的报酬。
- 确保配备了 USB 麦克风、外置扬声器、延长线以及用于存储屏幕录像文件的 USB 或 CD。
- 为观察者订购点心和饮料。
- 核实测试房间和观察室未被他人预订。
- 找一位专门的接待员，负责接待参与者、带领他们到休息室就座等待，并陪同他们前往测试间。

断测试的内容，如电子邮件、即时通信、日历活动提醒、病毒扫描等。
- 为测试期间要打开的所有网页创建书签。
- 确保知道可能需要的所有电话号码：

  观察室：_____

  测试房间：_____

  接待员：_____

  开发人员：_____

  （以防遇到原型方面的问题）

  IT 部门：_____

  （以防遇到网络或服务器方面的问题）
- 确保观察室和测试房间的免提电话正常。

测试当天（第一场测试前）

- 订购总结会午餐。
- 将观察者需要的材料放到观察室。
- 确保将要测试的内容已经安装到了测试计算机上或能够通过 Internet 进行访问，且运行正常。
- 测试能否与观察室共享屏幕（包括视频和音频）。
- 在测试计算机中关闭或禁用任何可能打

每场测试前

- 删除浏览器历史记录。
- 在 Web 浏览器中打开一个中立网页，如 Google。

参与者在录像许可表上签字时

- 启动屏幕录制软件。

每场测试结束后

- 退出屏幕录制软件。
- 保存录制文件。
- 如果必要，结束屏幕共享。

- 记录观察到的一些问题。
- 如果是当天最后一场测试且使用的是台式计算机，将屏幕录像文件复制到 CD 或 USB。

第 8 章

Rocket Surgery
Made Easy

简易读心术

主持测试

在大学一年级，我因在玄学期末考试中作弊而被纽约大学开除。

我偷看了旁边男孩的灵魂。

—— Woody Allen 在电影 *Annie Hall*（安妮霍尔）中的对白

现在是最主要的部分：测试。

这里假定你将担任主持人（facilitator）：在测试间坐在参与者旁边，给他发指令、向他提问。以后你可能想培训别人来做这项工作，但是，至少在开始的时候你需要亲自主持。

本章将介绍主持人的工作，阐述如何布置测试房间及如何制定测试时间表，并讨论如何与参与者交流。

主持人的职责

作为主持人，你扮演的角色有两个。

- 导游：负责告知参与者做什么，及时让他们停止不相干的事情，并让他们心情愉快。

  但与真正的导游不同的是，你不会回答有关风景（这里是网站）的任何问题，参与者必须自己判断如何使用看到的东西。

- 治疗师：你的主要职责是让参与者在执行任务时用语言描述其思维过程。

  这意味着你将鼓励参与者尽可能进行发声思维（think aloud）。你希望他们在使用网站的过程中不断叙述心里的想法：他们在试图做什么，他们在看什么地方，正在阅读或浏览什么内容，心里有什么疑问。换句话说，他们是怎么想的？

  这个过程称为发声思维，它是让可用性测试如此有效的"秘制酱汁"。

我喜欢这样说：你和观察者们都希望能看到参与者头上的思维气球（thought balloon）是如何形成的。你最感兴趣的是这些气球中包含问号或惊叹号的瞬间，这表明参与者感到迷惑、陷入困境或感到沮丧。

每当看不到参与者的思维气球时，作为主持人的你都应该这样问：你在想什么呢？

通过观察参与者如何使用产品并了解他们的思路，可借助他人的眼睛（和心灵）来看待你的网站，而这些人不像你那样了解该网站。这让你能够获得通过其他任何方式都无法获得的设计见解。

测试房间

测试要在配有一个办公桌和两把椅子的安静环境中进行，这通常是办公室或会议室。

需要在测试房间配置的设备如下所示。

1）一台能够连接到 Internet 并安装了屏幕录制软件和屏幕共享软件的计算机。

该计算机可以是任何笔记本计算机、台式计算机。如果可能，建议使用自己的笔记本计算机，而不要使用测试房间里的台式计算机，这样你可预先安装、配置和测试屏幕共享和屏幕录制软件，而不用担心有人将它们卸载或修改它们的配置。

为了共享屏幕以及在线访问要测试的网站，需要能够连接到 Internet。

屏幕录制软件用于录制屏幕上发生的事情，并录下你与参与者之间的谈话。最重要的是，录像让你无须担心遗漏了什么细节没有记录下来。通过拖曳视频播放器中滚动栏的滑块，通常只需几秒钟就可找到任何时间点的录像⊖。在总结的时候，如果对参与者实际所说或所做的内容有分歧，录像也能派上用场。

从理论上说，没有在现场观察测试的人员可以通过观看录像了解测试过程，但是实际上这几乎不会发生⊖。这是一件好事，因为我更愿意让人们来到现场观察测试。

我使用的屏幕录制软件是 Camtasia，它的 PC 版售价为 300 美元，而 Mac 版售价为 150 美元。虽然市面上有更便宜的屏幕录制软件，这包括开源的 CamStudio，但我还没有见到哪款软件提供了 Camtasia 那么多的功能，其中包括内置的视频编辑器，让你能够轻松地提取剪辑、添加标题等。用了这么多年，它从来没让我失望过。

屏幕共享软件能让观察室的人看到和听到测试过程。这样的软件有很多，有些需要付费使用，而有些是免费的，但是它们几乎都提供免费试用版。如果你受雇于大型公司，你们可能已经有这类软件的使用许可证了（WebEx 深受企业用户的欢迎）。

我使用的是 GoToMeeting。该软件对用户友好而且很可靠，同时适用于 Mac

⊖ 信不信由你，这种操作（拖曳滑块）实际上被称为"搓擦"（scrubbing）。

⊖ 这里引用 Yogi Berra 的话："从理论上说，理论和实践之间没有任何差别，但实际上有。"

版和 PC 版，并提供了大量很有用的功能。它还内置了 VoIP 功能。

该软件非常适合用于远程测试（这将在第 14 章介绍），而你最终很可能会用到这种方式。

2）显示器和键盘。如果使用的是笔记本计算机，则应该外接显示器和键盘。17 英寸的显示器让你无须离参与者太近就能看清屏幕。

通常应该将屏幕分辨率设置为 1024×768，除非你知道大部分用户设置的显示器分辨率都更高或更低。如果参与者表达出这样的意思："好像在我的屏幕上看到的内容更多"，那么可以将屏幕分辨率设置得更高，如 1280×1024。

3）普通鼠标。不要让参与者使用独特的跟踪球、笔记本计算机触摸板或键盘中央伸出的触摸点。对有些人来说，除了鼠标外的其他任何东西都难以使用。

4）USB 话筒。给观察室提供高品质的音频设备至关重要。竖起耳朵才能听清参与者谈话很辛苦，这最终将导致观察者拿出手机把玩或者干脆走人。高品质音频设备还让你能够听出参与者声音中的"身体语言"，从而轻松地感觉到他们是得心应手还是垂头丧气。

建议尽可能使用 VoIP（IP 语音）而不是免提电话，这样音频质量将好得多。GoToMeeting 提供了 VoIP 服务，你也可以使用像 Skype 那样的服务。

为了使用 VoIP，需要配备话筒，我最喜欢的是 Logitech 出品的 USB 桌面话筒，它的价格便宜。虽然笔记本计算机内置的话筒也不错，但使用外置话筒时可以将它放到任何地方，让观察者能够清晰地听到参与者和主持人之间的谈话。

5）免提电话。即使使用 VoIP，测试房间和观察室也应该有备用的免提电话，请确保你有观察室的电话号码。

测试前的准备工作
60 分钟

在测试当天，需确保测试房间的一切都准备就绪。尽量在第一位参与者到达前一小时开始这些准备工作，以便有充分时间修复可能存在的问题并放松心情。

- **测试屏幕录制软件。**进行短时间的录制并回放录像。

  应将话筒的音量设置为最大，因为你和参与者将离话筒较远。根据我的经验，将录像音量设置为最大不会导致音频失真。

  如果你使用的笔记本计算机内置了话筒，在测试录像期间轻拍外接话筒以确保录制的声源正确（回放时声音听起来像是用锤子敲打话筒）。

- **测试屏幕共享。**让一个人进入观察室，然后启动屏幕共享，确保他能清晰地听到你说话并看到屏幕。

- **确保屏幕上的光标比平时大。**这让你和观察者更容易看到参与者在做什么[⊖]。

- **关闭所有可能中断测试的软件。**最常见的罪魁祸首包括电子邮件、即时通信工具、日历事件提醒和预定的病毒扫描程序。

- **确保给测试期间需要打开的网页创建了书签。**你肯定不想将宝贵的测试时间浪费在输入网址上。

- **尝试使用要测试的东西。**对网站或原型做最后的检查有百益而无一害，这可以确保能够接入 Internet、服务器没有崩溃并获悉开发人员所做的最后调整。现在发现问题比参与者进入测试间再发现问题要好得多。

- **重置所有设置。**如果要使用样本数据，确保重新加载了干净的数据集。删除 Web 浏览器中的浏览历史记录，以免访问过的链接给参与者提供线索。

- **确保接待员已经准备就绪。**确保接待人员做好了接待参与者的准备。

⊖ 在本书的配套网站中，我将详细介绍如何完成这项工作以及我在 Camtasia 和 GoToMeeting 中使用的标准设置。

欢迎环节
4 分钟

每次测试都是以宣读脚本的第一部分[⊖]作为开始，它解释了接下来的测试将如何进行。

有些人喜欢根据提纲临场发挥，让它显得更自然，但我还是建议你使用脚本并逐字宣读。

虽然我做了 20 年的测试，但每当我经不住诱惑将脚本抛到一边的时候，都有 50% 的可能说些误导参与者的话（例如，使用"观点"或"反馈"等措辞）。请不要临场发挥。

你好，_____。我叫_____，今天将由我来引导你完成测试。

在我们开始之前，需要让你了解一些信息。我将逐字逐句为你宣读，以免挂万漏一。

你可能很清楚我们请你来这里的目的，但请允许我在这里再简单地重复一遍。我们请你来试用我们开发的网站，以确定它是否按预期那样工作。测试将持续大约 1 小时。

这里首先要澄清的一点是，我们要测试的是网站而不是你。你在这里不会做错任何事情，事实上，你根本不用为自己可能犯错而担心。

当你使用网站时，我将要求你尽可能进行发声思维：说出你看到的、想做的以及怎么想的，这将给我们提供极大的帮助。

另外，请不用担心你会伤害我们的感情。我们在这里做测试旨在改善网站，因此需要听到你真实的反应。

逐字宣读该脚本[⊜]。

⊖ 本书末尾提供了完整的脚本。

⊜ 如果你发现每次宣读时有些内容让你不自然，可以在不影响意思的情况下做细微修改。例如，如果你认为对你来说，"如果在此期间有任何问题"比"如果你在测试期间有任何问题"显得更自然，可以修改脚本并在每次都以相同的方式宣读。

宣读可能让你感到有些不舒服，因为我们通常不会大声宣读，至少在其他成人面前不会这样做。但不会有人介意的，因为脚本解释了你这么做的原因，宣读只需要持续大约 3 分钟，而参与者可能因此对即将进行的测试感到好奇。

如果你在测试期间有任何问题，都可以问。我可能不能立刻回答，因为我想知道大家在旁边没有人帮忙的情况下将如何做。但如果测试结束后你还有问题，我将尽最大努力做出回答。另外，无论你在什么时候想休息一会儿，跟我说就是了。

你可能注意到了这里的麦克风。在你允许的情况下，我将把屏幕上发生的情况以及我们之间的谈话录下来。录像只会用来帮助我确定改进网站的方法，而不会被与该项目无关的任何人看到。而且录像对我很有帮助，因为这样我就不用做太多的记录了。

另外，有几位网站设计小组的成员在另一个房间观看测试，但他们看不到我们，只能看到屏幕。

如果你愿意，我想让你在一个简单的许可表上签字。它只是确保录像得到了你的许可，而录像只会被与该项目相关的人看到。

请问有什么问题吗？

宣读时尽可能放松并通过目光与参与者交流。

- 看着参与者的眼睛。使用大字体将脚本打印出来，这样宣读时就不用紧盯着脚本，同时每读几句后都看一眼参与者。
- 吐字要清晰。参与者需要听清楚你在说什么。
- 宣读速度不要太快，也不要过慢。
- 不要过于单调，也不要听起来像在唱歌。宣读时要有一定的情感，但也不要像在读 "The Midnight Ride of Paul Revere" [⊖] 一样慷慨激昂。

⊖ Paul Revere 是美国独立战争的英雄。1775 年 4 月 18 日，他前往列克星敦（Lexington）和康科德（Concord），通知大家英军已逼近的消息。他骑着马一路狂奔终于在午夜之前赶到了列克星敦，把消息传达了下去。美国著名诗人 Henry Wadsworth Longfellow 1860 年写下的这首著名的诗歌 "The Midnight Ride of Paul Revere" 在美国家喻户晓。——译者注

你可能很清楚我们请你来这里的目的，但请允许我在这里再简单地重复一遍。我们请你来试用我们开发的网站，以确定它是否按预期那样工作。测试将持续大约 1 小时。

这里首先要澄清的一点是，我们要测试的是网站而不是你。你在这里不会做错任何事情，事实上，你根本不用为自己可能犯错而担心。

不要过于单调……

你可能很清楚我们请你来这里的目的。

但请允许我在这里再简单地重复一遍。

……也不要听起来像在唱歌

提问环节
2 分钟

通常在可用性测试前和测试结束后，都可以问参与者一些问题。

> 在使用网站前，我想问几个简单的问题。
>
> 首先，你从事哪种职业呢？每天都做些什么呢？
>
> 你每周上网大概有多少小时呢？这包括上班时间以及在家里浏览网页和收发邮件。
>
> 收发邮件和浏览网页各占多大比例呢？
>
> 浏览网页时都访问什么样的网站呢？
>
> 有非常喜欢的网站吗？

我只会询问几个简单的问题，目的有三个。

- **让参与者放松。** 每个人都能回答这些问题，这能够让参与者开始谈论他们自己，也让他们在需要发声思维时更容易一些。

- **向他们表明你将仔细倾听。** 知道你在倾听而不仅仅是获取填写表格所需的内容后，参与者将更愿意投入到测试过程中，也会更放松。但要获得这样的效果，你必须确实在仔细倾听。

  不要不好意思进一步提问。我通常至少会追问一个与参与者的工作相关的问题，例如，他们的职位是什么意思或者公司是做什么的。如果没有听懂他们的意思，不要假装懂了，而应该让他们做进一步解释。

- **获取相对评分法所需的信息。** 在参与者回答这些问题后，你便对下面这些方面有了清晰的认识：1）参与者从事什么工作；2）他们的计算机和网络知识如何。知道这些信息以及参与者掌握了多少专业领域知识（这是通过参与者对主页的反应获悉的）后，你通常便能够判断参与者相对于目标用户是什么样的水平。

浏览主页
3 分钟

测试网站时，我总是让参与者首先浏览主页并简单说说他们是怎么理解的。

> 好，很好。问完问题后，下面来看看网站。
>
> 首先，请你看看这个页面，并告诉我你如何理解它：什么地方最吸引你？你认为这是什么公司的网站？你能在该网站中做什么？该网站是做什么的？只需要看看并简要描述即可。
>
> 如果你想向下滚动，也可以，但不要单击任何地方。

这里的目的是判断网站的特征是否明显：参与者能不能确定这是什么[一]？正如后面将要解释的那样，回答通常是否定的，这令人惊讶且颇有启发作用。

通过让参与者叙述，也让你知道他们对网站、网站背后的组织以及主题（参与者的专业领域知识）存在一些已有的认识。

注意，你询问的不是他们对主页的看法。脚本并没有说"看看这个主页并谈谈你的看法"。在指示中必须小心措辞，让参与者有具体任务可做：确定这个网站是什么。这是一个现实而重要的任务，每当访客进入新网站都将自己完成这种任务，你只是让他们用言辞表达出来了而已。

[一] 网站可用性大爆炸理论，将在第 12 章介绍。

这个环节需要的时间不多，大多数人只要两三分钟就能说完，不管怎么样，你并不希望这个过程超过 3 分钟。

脚本告诉参与者可以滚动，但现在不要单击任何地方。如果参与者单击了链接（有些人会这样做），要立即进行干预，让他返回到主页。在这种情况下，只要这样说一句："目前这个阶段，我只希望你能留在主页，能回到主页去吗？"

执行任务
35 分钟

任务是测试的"核心"所在。

在执行每项任务前，你需要把情景描述递给参与者，并逐字宣读。

> 下面我将让你尝试完成一些具体的任务。我将宣读每项任务，并给你提供打印好的情景描述。
>
> 另外，执行这些任务时请不要使用搜索功能，这样能让我们更深入地了解网站是不是像预期那样运行。
>
> 同样，请在执行任务的时候尽可能进行发声思维，这将对我们有很大帮助。

为什么不仅仅让参与者自己看情景描述呢？如果你这样做，有些参与者就不会仔细阅读，他们最终将根据自己的错误理解执行任务，白白浪费时间。如果你读给他们听，至少可以确保他们听到了每个字句。

参与者开始执行任务后，尽可能不要打断他们。基本上，只需要让他们将精力集中在任务上并进行发声思维，直到进入下一项任务为止。

如何判断什么时候进入下一项任务呢？

- **参与者完成了当前任务吗？** 如果完成了，将下一个情景交给参与者，并开始执行下一项任务。如果参与者认为他完成了，但实际上没有完成，可以询问他能不能以另一种方式重做，这通常能让他意识到自己的错误。

- **参与者是否情绪低落？** 在执行任务期

间，参与者通常会经历各种情绪。伊丽莎白·库伯勒·罗斯（Elisabeth Kübler-Ross）将情绪分为五种：乐观、沉思、迷惑、沮丧/生气、气馁/自责。

乐观　　沉思　　迷惑　　沮丧/生气　气馁/自责

如果参与者情绪低落，那就有点过分了，实际上，我认为从情绪低落的参与者那里获得的信息更少。正如有人⊖指出的那样，又不是碰撞测试，不需要毁坏汽车就能发现问题。

不用在参与者开始出现挣扎迹象的时候就停下来，但发现参与者开始挣扎时，就需要这样考虑了："再做下去值得吗？""这样是不是会让参与者太不自在？"请务必谨慎对待参与者的情绪。

- 还剩下多少时间？ 其他任务是不是很重要？ 除非这是本次测试中的最后一项任务，否则请务必密切注意时间。
- 还能得到有价值的信息吗？ 我的经验是，如果你开始觉得再继续下去也了解不到任何新东西了，就可让参与者再尝试一小段时间，然后进入下一项任务。在这一小段时间里，仍然有 50% 的可能会发现一些有用的信息。

如果参与者还没完成任务，而你已决定进入下一项任务，只需等到自然停顿的时候，然后说类似于这样的话："很好，很有帮助。我想进入下一项任务，因为我们还有其他任务要完成"（注意，通过使用"我们"一词，可以避免让参与者觉得你这么做是因为他们的过错）。

问题探讨
5 分钟

当参与者执行任务时，你肯定会注意到有　些地方需要更深入的了解。

⊖　希望有人站出来说这是他说的，以便向他致谢。

谢谢，这很有帮助。

如果你不介意，请给我一分钟，让我看看小组成员是否有其他问题让我问你。

但在测试中停下来提问常常会打断参与者的思路，还会带来不小心提供"线索"的风险。

这就是你总是想留出一些时间，在测试结束后回过头来进行探讨的原因。这让你有机会确认自己已经了解了发生的情况，并在参与者的帮助下找出其中的原因。

在参与者执行任务期间，总是可以让参与者做些简要的解释（"你在这里这样做的用意是 ××× 对吗？"），但对于更深入的问题（类似于"你为什么要那样做呢？"这样的问题），应该记录下来（例如，"没有注意到左边的导航栏"或"选择了第二个链接，为什么？"）并等到探讨阶段再问。

在你自己提问前，应该打电话询问观察室管理员，看看观察者是否有后续问题要你问。但请根据自己的判断利用探讨时间，而不必完全按观察者的要求做。

通常，你想问参与者是否注意到某些内容以及为什么选择特定的选项，还可以让他们以另一种方式或从不同的起点重新执行任务。

如果你对某些界面很重视，但参与者在执行任务的时候并没有涉及，可以让他们进入特定网页（"我想让你访问注册表格"）并提出关于这些界面的问题。

对参与者就某些功能提出的他们认为很有用的改进建议（"我希望从地图而不是州列表中选择"），你可能还想深入了解一下。有时候，参与者的建议很好，但大部分情况下并非如此⊖。参与者不是设计师，并不总是知道自己需要什么或真正需要什么。通常，如果你让他们详细阐述他们的想法，他们可能最终这样说："但我想我不会真的使用它，而可能总是像现在这样做。"

不过，有时候参与者也会提出一些卓越的建议。你怎么知道呢？不用担心，你会知道的。如果确实是卓越的建议，你以及观察室中的每一个人脑袋里都会灵光一闪。有人会这样说："我们怎么没有想到呢？这太明显了。"

⊖　就像 Homer Simpson 设计的汽车，它带厚粗绒地毯、两个圆顶帐篷以及三个都播放 La Cucaracha 的喇叭（"因为当你激动时总是找不到喇叭"），最终造价高达 82 000 美元。

道别
5 分钟

向参与者表示感谢、询问他们是否有问题、给报酬并将他们送到门口。

> 现在测试结束了，你还有什么问题要问吗?

最后，我总是会这样说:"谢谢，这正是我们需要的，太有帮助了"，哪怕结果很糟糕（或参与者的表现很糟糕）。

准备下一场测试
10 分钟

注意，我建议每次测试持续 50 分钟，而不是 1 小时。这类似于治疗师的 1 小时:预约是 1 小时，但实际上只持续 50 分钟，这样的安排也是出于相同的原因。要从每次测试获得最大的收获，需要在两场测试之间留些时间让你保持头脑清晰，让你理清思路甚至调整生物钟。

> 退出屏幕录像软件。
>
> 保存录像。
>
> 清除浏览缓存、历史记录和访问过的链接。

> 在浏览器中打开一个中立的网页，如 Google。
>
> 在进入下次测试前花点时间将观察到的问题记录下来。

显然，这意味着你只有 50 分钟进行测试。如果要进行更长时间的测试，必须稍微调整开始时间，但务必尽可能在两场测试之间留出 10~15 分钟的时间。中途休息时间不要太长，因为这可能导致观察者暂时离开去"处理点事情"却再也不回来了。

在中途休息期间，你应：

- **做些记录**。即使只有三场测试，也可能会将所有的问题混在一起而记不住。
- **重置计算机设置**。你需要将计算机恢复到测试前的状态。重新加载样本数据并清除浏览历史记录。
- **考虑调整测试方案**。根据在前一场测试中观察到的情况，你可能决定临时修改测试方案。例如，如果第一位参与者无法完成某项任务且原因显而易见，则可以在剩下的测试中修改甚至跳过这项任务。如果只需要对样式表或标题做简单修改就可以完成，你甚至想要快速修复测试中遇到的问题。

弗洛伊德将为你感到自豪

测试主持人对参与者做的很多事情与治疗师对病人做的很多事情极其相似，从 20 年前开始进行可用性测试起，我就一直对此感到惊讶。

- 你尽可能让参与者用言辞将他们的思考过程表达出来。你想听到他们是怎么想的，以便了解哪些内容让他们感到困惑和苦恼。你的主要任务是让他们不停地说。
- 你尽可能不影响他们。和治疗师一样，你需要保持中立。你不能告诉他们怎么做，他们需要自己找出解决方案。
- 你不断重复一些相同的话。你的很多措辞与治疗师使用的相同。
- 你负有道德方面的责任。

让参与者不停地说

你会发现，有些参与者只会在你提醒的时候才进行发声思维。对于常常忘记用言辞表达思维的参与者，你必须每隔一定时间提醒他们。

我以前认为这取决于他们沉默了多长时间：如果他们持续 20 秒（30 或 40 秒，我一直不太确定正确的时间是多少）一言不发，你便应该询问他们在想什么。但我最终发现应该像下面描述的这样做：

　　当你完全不知道参与者在想什么时，就该发问了。

在大多数情况下，当参与者保持沉默时，你仍清晰地知道他们在想什么。例如，如果参与者显然在阅读网页的内容，就应该让他们继续阅读；如果你能够明白他们的浏览路径，且他们看起来一点也不感到迷惑或犹豫不决，应让他们继续浏览。一旦感到你不确定他们在想什么，就该发问了。

不用担心这会令参与者不快。事实证明，你可以在测试过程中说"你在想什么呢？"几十次，参与者甚至不会意识到这一点。如果这句话说烦了，可以说"你在找什么呢？"和"你在做什么呢？"，它们的效果几乎相同。

保持中立

与治疗师一样，对主持人来说最难的是保持中立：你不想影响参与者。

最糟糕的情况是，主持人有意或无意地试图达到个人目的。例如，你参与了产品设计，因此希望测试获得成功，或者你一直认为产品设计很糟糕，因此希望测试失败。

作为主持人，你应意识到自己的偏见，并尽可能避免这种偏见影响测试。如果不这样做，别人肯定会发现，进而对测试失去信任。

即使你没有个人目的，也仍然必须尽一切努力避免影响参与者。

- 你不能告诉参与者怎么做或向他们提供线索，即使是微妙的线索也不行。当参与者陷入困境时，你可能想施以援手，但请务必抵制住这种冲动。
- 你不能回答他们的问题。你必须用问题来回答大部分问题，如"你认为呢？"
- 你不应该表达自己的观点（"这是一项很不错的功能"），甚至不能附和参与者的观点（"是的，这确实是一项不错的功能"）。
- 你需要尽可能不动声色，不发出任何对

当前发生的情况特别满意或不满意的信号（我想可能最好在整个测试过程中都始终表现出某种程度的满意，让参与者觉得测试进展很顺利，这样你也获得了所需要的东西）。

治疗师说的话

当参与者执行任务时，为保持中立，你需要不断重复一些话。下表列出了这些话供你参考。

在这种情况下	这样说
你不确定参与者在想什么	"你在想什么呢？" "你在找什么呢？" "你在做什么呢？"
发生了让参与者感到意外的情况，例如，参与者单击链接打开一个新网页后说"哎哟"或"嗯"	"情况符合你的预期吗？"
参与者试图让你提供线索（"我是否应该使用_____？"）	"你在家里会怎么做呢？（等待回答）为何不尝试这种方式呢？" "如果我不在这里你会怎么做呢？" "我希望你平时怎么做现在就怎么做。"
参与者发表评论，而你不确定这是什么原因导致的	"有什么特别的地方让你这样想？"
参与者担心不能提供你所需的东西	"不，这对我们很有帮助。" "这正是我们需要的。"
参与者请求你解释某项功能的工作方式或预期的工作方式（例如，这些支持请求能够在第二天得到答复吗？）	"你认为呢？" "你认为它将如何工作呢？" "现在我不能回答这个问题，因为我们想知道没有人在旁边回答这个问题的时候你会怎么做。但如果测试结束以后你对它还有疑问，我会很乐意在那个时候回答这个问题。"
参与者看起来偏离了任务	"你在努力做什么呢？"

你还可以说另外三种话。

● 应答：你可以根据需要说"嗯""行""好的"和"哦"等，这表明你听到了参与者说的话并希望他们继续。注意，这些话表明你听懂了参与者的话，但并不意味着你表示同意。这是"好的"，而不是"很好！"。

- **复述**：有时候，为确保你听清并正确理解了参与者的话，稍微重复并总结一下会很有帮助（"你是说页面底部文本框的内容看不清楚吗？"）。
- **向观察者阐明**：如果参与者不是很明确地提到了屏幕上某个内容时，你可稍微叙述一下，让观察者更容易理解。例如，如果参与者说"我很喜欢它"，你可以说"右边的列表吗？"（由于你坐在参与者旁边，有时更能正确地感觉到他们看的是什么）。

道德方面的考虑

你与治疗师之间还有最后一个共同点：你对参与者负有道德责任。同其他与道德相关的事情一样，这种责任可能很复杂，但是我想来总结一下：

> 当参与者离开测试房间时，他们的状态不应该比进来的时候差。

从很大程度上说，可用性测试通常对健康无害。你不需要给参与者连上电极，而且除非你很变态，否则你也不太可能严重破坏参与者的情绪。你应该尊重参与者，将心比心并考虑参与者的感受，哪怕他是一个令人讨厌的家伙。换句话说，你应该表现得大方得体。

参与者有权利随时终止测试并离开，而不受到任何惩罚（在这种情况下，也要向他们支付报酬）。应尽可能让参与者舒适，不感到害怕也没有压力，并密切注意参与者的状态，在参与者想停止测试时表现得亲切和理解。在极少数的情况下，你将询问参与者是否想停止测试。

你还有责任保护参与者的隐私，最好的方式之一是不使用身份信息。在测试和录像中没有必要使用参与者的名字，也不用对着脸录像。

你需要将录像置于自己的控制下，并在不再需要的时候立刻删除它们。如果要在单位内分发录像剪辑，每个拷贝开头都应发出警告禁止再次分发，还应该修改诸如电话号码和信用卡号等任何个人信息（使用Camtasia 的编辑功能很容易覆盖任何内容）。如果有参与者说了欠考虑的话，应该将这段录像删除$^{\ominus}$。另外，对于充当参与者

$\ominus$　Carolyn Snyder 指出，当参与者提到吸毒时就应该将录像删除。我曾请一所天主教大学的学生参与测试一个网站，并不经意地询问一位参与者访问哪种类型的网站，他说"哦，有一个色情……"，因此我没有在演示文稿中包含这段视频剪辑。

的员工，我也不会分发他们的视频剪辑，因为这可能会把他们置于尴尬的境地。

如果你在学术机构工作，可能整个测试方案（包括脚本和许可表）都必须获得机构审查委员会（IRB）的批准，以确保它符合机构的道德标准。但你可以充分证明像这样的非正式可用性测试不属于IRB必须监督的研究类别（有人就想方设法获得过这样的豁免权）。

棘手的参与者

大多数参与者都会让人愉快而且效率很高，但也有些参与者不那么令人满意。

你可能遇到说话慢条斯理[⊖]、不喜欢说话、说话声音太小、说话速度太快、话痨、自以为什么都知道甚至行为古怪（所幸的是这很少见）的参与者。

对有些参与者来说，要让他将注意力放在任务上就像驯服小动物一样难。有时候参与者会离开正在测试的网站，有时候会被网页上明亮发光的物体所吸引，有时候还会给你讲故事。还有些参与者想与你探讨当前经济形势。

就像对待小动物一样，你需要彬彬有礼而意志坚定，让他们不断前行。例如，"很好（稍做停顿，并让人觉得进展顺利），好的（表示过渡），我们还有很多事情要做，现在请你……"。

你必须做好坚持不懈并有点无情的准备。这可能让你显得粗鲁无礼，但别忘了你会向参与者支付报酬，如果得不到想要的信息，就是在浪费你的时间、参与者的时间和观察者的时间。

即使你将参与者拉回了正轨，有些参与者也会故态复萌。请忍住不要说，要有耐心。有些看起来无药可救的参与者可能最终给你提供确实很有价值的意见。

在某些极端情况下，你可能从参与者那里得不到任何有价值的信息，那么可以提前终止测试。例如，你可能遇到明显不符合条件的参与者，这可能是由于招募工作没做好，也可能是他们与你交流时说谎了。

⊖ 你可以在网上搜索 Bob 和 Ray 的歌曲 "Slow Talker of America"。

如果你觉得有必要提前终止测试，可利用任何似是而非（而且希望是有说服力的）的借口，对他们表示感谢、给他们报酬并为下一场测试做准备。

不要担心，保持心情愉快

读到这里，你可能认为主持人要做的工作很多，但实际上尝试过的人都发现这简单得令人难以置信。虽然大多数人很快就掌握了其中的窍门，不过对最开始的几次测试有些担心（有些人是非常担心）是很自然的。下面两点可最大限度地避免怯场。

- 练习宣读脚本：先在没人的情况下宣读四五遍，再在一两个人面前宣读，如家庭成员或同事。这样，你就不会怕难为情了。
- 在没有压力的情况下练习测试：如果你发现自己确实很担心第一次主持公开测试，可尝试做一次排练。让两位朋友分别充当参与者和观察者，并完成实际测试中将完成的所有工作，包括在另一个房间观看共享屏幕。

FAQ

谁应该担任主持人？

可能就是你。你阅读本书表明你对这项工作有兴趣，而兴趣是最好的老师。如果善于倾听且与陌生人交谈起来得心应手，当然很有帮助。但正如有人指出的，要成为优秀的主持人，并不要求你真的善于与人打交道，只要假装是这样就可以了。

随着时间的流逝，你可能想培养其他小组成员来担任主持人，这样你就只需要观察并记录了。作为对可用性最有兴趣的人，你的观察和记录通常是最有价值的。

什么样的人不能担当主持人？

任何不喜欢与人打交道的人（如行为乖戾、脾气不好的人）都可能不适合当主持人。另外，不善于倾听、没有耐心以及喜欢将自己的观点强加于人的人也不适合当主持人。

最糟糕的主持人是对设计产品的正确方式有自己的看法而且固执己见的人。

我应坐在什么地方？参与者旁边还是后面？

参与者需要坐在显示器和键盘的正前方，

而你需要坐在能够看清屏幕以便知道参与者在做什么的地方。我发现坐在这样的位置效果最好。位于参与者旁边并稍微靠后，与参与者的距离足够远，以免他觉得你正盯着他。

主持测试时是否要做笔记?

随着经验日益丰富，你会发现自己能够把注意力集中在参与者身上并让测试顺利进行，同时做些笔记。但在刚开始的时候，建议你在测试期间只记录一些在探讨阶段时要追问的问题，如"他看到了下载链接吗?"

观察者将记很多笔记，另外，如果需要，总是可以回过头去看录像。但别忘了在每场测试结束后趁记忆还清晰时列出最严重问题的清单。

为什么不在测试开始前和测试结束后提更多问题?

人们常常通过测试前和测试后提问来评估这些方面的问题：参与者是否认为网站有用以及通过使用网站是否改善了参与者对公司或产品的看法等。这些信息可能非常有价值，也无疑会让市场营销人员感到高兴，但我不认为在 DIY 测试中应该这样做。

首先，样本太小，没有任何意义。其次，众所周知，人们最不擅长这种自我报告。在可用性专业人员中流传的一个最大的笑话是，你明明看到参与者使用一个不按预期运行的系统时费劲到几乎要崩溃的程度，但等到让他给系统进行 1（对用户极不友好）到 7（对用户非常友好）的评级时，他却给了 6 分。我们不知道为什么会出现这种情况，但确实出现了，而且经常如此[⊖]。

你推荐使用 Camtasia, Morae 怎么样呢?

几年前，很多人都使用 Camtasia 给可用性测试录像，这导致 TechSmith 专门为可用性测试设计了另一款产品，这就是 Morae。我认为它是 Camtasia 的增强版，添加了大量功能，其中包括日志功能，能

⊖ 这可能是因为参与者将你视为东道主——你对他们很好，给他们支付报酬，因此他们不想显得粗鲁无礼。也可能是因为这些人的期望非常低，而你的网站看起来不比大多数网站差。我个人认为这是斯德哥尔摩综合征的变种，即人质对绑匪产生了情绪依赖，对绑匪表示同情，甚至在最终获得自由后还为绑匪辩护。

让观察者轻松地与录像同步记笔记。它还自带了远程观察功能，让你无须单独购买屏幕共享软件。

这是一个出色的工具，而且有很多人使用，但就我介绍的测试而言，使用它有些小题大做。我推荐一开始使用更简单的工具，并在需要的时候再过渡到 Morea。在此期间，你可以下载 30 天免费试用版并熟悉它的功能。

对着参与者的脸录像怎样？

我从来都不喜欢在测试期间对着参与者的脸部录像。

这种画中画功能（更准确地说是画面中的痛苦表情）最初旨在捕捉参与者沮丧的表情，作为产品的可用性还有待改进的证据。但我认为没有必要，这只会让他们分散注意力。

只要音频质量很好，观察者几乎总能根据参与者说话的语气判断他们的情绪。

09 | 第 9 章

Rocket Surgery
Made Easy

将测试当作一场
体育盛事来办

邀请每个人都前去观看，并告诉他们看什么

对于可用性测试，我能提供的最有价值的建议之一是，尽一切可能让单位内部尽可能多的人（客户、经理、开发人员、设计师、技术文员甚至管理人员）亲临现场观看测试。或者，将其总结为一条箴言，就是：

为什么我认为让单位尽可能多的人亲临现场观看测试很重要，将在稍后说明原因。

将测试当作一场体育盛事来办。

眼见为实

做过大量测试的人都知道的另一点是：亲临现场观看可用性测试是种具有改造作用的体验。人们第一次观看测试时通常会持怀疑态度，但是看完以后，他们的观点都会无一例外地发生改变。

最明显的改变是不再对测试持怀疑态度了，

事实上他们通常会变得很热衷于测试。很少有人在观看测试以后仍然不认为看到的东西很有价值的。

但还有一种更微妙、更意味深长的变化：通过观察可用性测试，你会让他们认识到用户和自己并不相同。大多数人都认为在使用 Web 方面所有用户都与他们一样，但观看真正的用户使用 Web 后他们将恍然大悟：用户并不像他们那样，而且事实上每位用户都各不相同。我想说的是，观看可用性测试就像旅游，它可以丰富阅历，让你明白其他地方的人并不像你那样生活和思考。这将给你与用户的关系带来深远而持久性的变化，让你成为更优秀的开发人员、设计师、经理等。

与观看录像剪辑相比，亲临现场观看测试带来的改造作用要强烈得多，但其中的原因还不得而知。这两者之间的差别就像观看体育比赛直播和录像一样："直播"就是更加引人注目。与其他人一起亲临测试现场观看时，人们还会获得相同的小组体验，并在测试期间和测试间隔中间休息时相互交流观察到的结果。

无论其中的原因是什么，请相信我：让人亲临现场观看测试是值得的。

观看的人越多越好

当你开始每月一轮的测试后，与要测试的网站直接相关的人员可能殷切希望前来观看。

但你应邀请并鼓励每个人都参加：设计师、开发人员、产品经理、老板、市场营销人员、技术文员、编辑以及对设计和内容有兴趣或有影响力的人员。

尽一切可能让人们来到现场。下面是几项管用的技巧。

- 让人方便参加。将月度可用性测试安排在比较清闲的工作日以及当日比较清闲的时段。

- 广而告之。在测试前两周发出带日期提醒的电子邮件，并指出你到时候将测试什么。然后在测试前几天发送提醒邮件，并在测试前一天发送最后的提醒邮件。

- **阐述参加带来的好处。**客户总是希望那些让人感到不悦的问题得到修复，可以让他们知道如果参加观看现场测试，他们将有机会在做出决策的总结会上发表意见。
- **想方设法让高管莅临现场。**我总是让人想尽一切办法让管理层参加，告诉他们如果能露个面将鼓舞士气。我见过这样的副总裁，他们原本只想露个面，结果却将其他会议取消了以便能留下来继续观看。这些人通常很聪明，只要到现场观看测试就会认识到测试的价值。

- 供应高品质点心。没有不漏风的墙，这样消息就会不胫而走。

观察者都做些什么

观察者的工作很简单。

- 观看并学习，然后做一些记录。
- 每场测试结束后，记录在此期间看到的三个最严重的问题。
- 让主持人代他们向参与者提问。
- 吃点心。
- 午餐期间参加总结会晤谈。

仅此而已。下面是你应向他们提供的指南⊖。

可用性测试观察者指南

感谢你前来观看今天的测试。我们总共有三场测试，每场测试持续 50 分钟，中间休息 10 分钟。

为了从这些测试得到最大的收获，麻烦你做到如下几点。

- **记笔记。**请记录你注意到的任何有意思的内容，尤其是那些让参与者感到迷惑或无法完成任务的地方。在今天午餐时间的总结会上，我们将对笔记进行核对比较。
- **在每场测试结束后列出问题清单。**在两场测试之间的休息期间，使用附页记下你在测试期间注意到的三个最严重的问题。

⊖　你可从本书的配套网站下载这些材料并对其进行修订（如果你的测试时间持续更长或更短）。

- 前来参加总结会晤谈（有免费午餐！）。殷切希望你参加中午_____点在_____号房间举行的总结晤谈会，到时候我们将对比笔记并决定下个月修复哪些可用性问题。
- 如果有问题想问参与者，请将它写在纸上。每场测试快要结束时，我们将询问你是否有问题要问。
- 尽可能久留在现场。我们知道你还有其他工作要做，但今天只有三场测试，而每场测试都将让你获得不同的经验教训。即使你开始觉得枯燥失去了兴趣，也请坚持下来继续观看和倾听，说不定什么时候参与者就会说出有启迪作用的话。如果需要，你可以暂时离开，但请不要影响他人。
- 尽量不要打扰他人。观看测试要求注意力高度集中。尽可能不要谈论与测试无关的内容，请不要在观察室进行其他讨论或接听电话。请将观察室当成电影院：谈话声音不要太大，也不要太长，否则周围的人将无法跟上剧情发展。

感谢你的帮助！

三个最严重的可用性问题

每场测试结束后，列出你注意到的三个最严重的可用性问题。

参与者 1

1. _____
2. _____
3. _____

参与者 2

1. _____
2. _____
3. _____

参与者 3

1. _____
2. _____
3. _____

观察室

通常，会议室就非常适合用作观察室。如果会议室太小，可使用培训室或小礼堂，只要观察者能够看到屏幕并听到声音即可。

一个需要考虑的重要因素是，观察室和测试房间不应该紧挨着彼此，因为你不希望参与者在执行完某项操作后就听到一群人在大笑（或叹息），这太糟糕了。

连接到测试间（第 8 章）

1) **一台能够连接到 Internet 并安装了屏幕共享客户端软件的计算机。** 该计算机可以是任何笔记本计算机、台式计算机，而且为了共享屏幕，需要能连接到 Internet。对于有些屏幕共享软件来说，你必须安装客户端，但很多屏幕共享软件（包括 GoToMeeting）使用 Web 浏览器，因此不需要安装客户端。

2) **投影仪（或大屏幕显示器）** 显示的图像必须足够大、足够亮，让每个人都能看清参与者在做什么。如果观察者对测试的产品非常熟悉，这一点就没那么重要了；但如果测试的是新设计、竞争对手的网站或包含动态内容的网页，观察者将需要能够看清屏幕上的一些细节。

   对离屏幕最远的观察者来说，通常通过其笔记本计算机观看测试更容易，但务必小心别让这些人走神。

3) **一对有源扬声器。** 就像你希望在测试间装备高品质麦克风一样，你希望观察室也使用高品质的扬声器。建议采用 Logitech X-140 有源扬声器，其售价大约为 25 美元。这种扬声器的声音清晰而响亮，并提供了音量控制功能。

4) **点心。** 为了让观察室轻松愉快而且富有吸引力，从而让观察者成为回头客，一种很好的方法是提供食品。千万不要舍不得点心！可将它们视为诱饵：在上午 9 点钟，什么样的食品对 Web 小组的吸引力最大呢？百吉饼和松饼通常是不错的选择，不过也应该遵守当地的风俗习惯。

5) **免提电话。** 应配备备用的免提电话，并确保你知道测试房间的电话号码。

指定一名观察室管理员

由于你将在测试房间忙碌，因此强烈建议找个人在观察室为你值班。指定的管理员只需要无论如何都会来观看测试并且尽心尽责即可，但这个人最好不会轻易在同事和老板面前屈服。

下面是你可以提供给观察室管理员的指南。

观察室管理员指南

感谢你为今天的可用性测试帮忙！

鉴于我将与参与者一起待在测试房间里，因此需要你帮忙确保观察室的一切顺利进行。

需要你做的工作如下所示。

- 阅读《可用性测试观察者指南》，以了解观察者需要做什么。
- 确保给每位观察者提供如下材料。
  - ☐ 可用性测试观察者指南
  - ☐ 测试脚本
  - ☐ 参与者将执行的任务对应的情景描述
- 确保每位观察者都能看到和听到测试过程。如果屏幕共享或声音方面出现问题，请尝试排除故障。如果无法立刻排除故障，请拨打测试房间的电话_____与我联系。我将停下测试并帮助你排除故障。
- 尽可能制止与测试无关的交谈，因为这可能让其他人无法全神贯注观看测试（就测试期间发生的情况进行短暂地交流是可以的）。
- 如果有人需要接听电话，提醒他到观察室外面去（通常，你只需要在他们将手机放到耳旁时通过眼睛与他交流并指指观察室的门，当然，要面带微笑）。
- 每场测试结束后，提醒观察者检查笔记，并记下在测试期间注意到的三个最严重的问题。如果有观察者不能前来参加总结会晤谈，请他将问题清单留给你。

FAQ

小组成员会不会受到伤害？

很多人都会问这个问题：小组成员看到参与者使用他们参与开发的产品时很费劲甚至以失败告终时，会不会很痛苦？尤其是在同事甚至老板面前的时候尤其如此？看到参与者陷入困境时，小组成员会不会护短、沮丧甚至担心丢掉饭碗？

根据我的经验，这通常不是什么大不了的问题。

观看网站的第一轮测试可能有点吓人，这就是我建议首先对竞争对手的网站进行测试的原因。在这样的测试中，小组成员没有任何个人风险，甚至可能放纵自己幸灾乐祸。

大多数人都会很快认识到，虽然测试暴露了问题，但通常也为问题提供了解决方案，而有时候这种问题可能正是他们很久以来就一直在努力想解决的。

我认为只有在下面这种情况下测试才会真正给小组成员带来麻烦：在开发过程中，测试太晚了，没有时间修复发现的问题。但你不会遇到这种情况。

如果测试后你感觉到小组成员的自尊心受到了伤害，可能需要在总结会上晤谈期间说一些让他们宽心的话，例如"我们发现了一些问题，但总体而言情况还是相当不错的，我认为我们发现的问题是完全能够修复的"。

如果有人不能前往现场观察测试，是否允许他通过屏幕共享远程观看测试过程？

这要视情况而定：这些人是不能前来现场观看还是不喜欢这样做？对于确实想观看测试但有充分理由不能来到现场（例如在另一个城市）的人，当然应该允许他们远程观看。但我不建议让那些在单位的人不去观察室而在他们的办公桌前观看。因为他们对现场的团队经验没什么帮助，但更重要的是，如果他们坐在自己的办公桌（和计算机）前，肯定无法抵御同时做其他事情的诱惑，这意味着他们不能将足够的注意力放在测试上，无法通过观看得到很多好处。

可以让观察者和参与者坐在一个房间里吗？

我不推荐这样做。如果有必要，经验丰富的主持人可以这样做，但对新手来说这不是什么好主意。

大多数参与者都能够做到对同室的一位（甚至两三位）观察者视若无睹，但不推荐这样做的原因出在观察者身上。有些人就是不能管好自己的嘴，经理可能忍不住提出有关市场营销的问题，而开发人员可能总想得到参与者对他们想添加的新功能的看法，没有什么比这些对测试更具破坏性了。

如果由于某种原因不得不让观察者待在测试房间里，请向参与者介绍他们并解释他们待在这里的原因。另外，还要让观察者明白他们必须遵守一些规定。

- 保持安静。将手机关机并仅在非常必要时才说话。
- 不要回答参与者提出的任何问题，除非主持人明确让你这样做。即便是在这种情况下，也应确保回答简洁且只回答参与者提出的问题。
- 始终保持不动声色。不要皱眉或微笑，除非参与者说的话确实很好笑，否则不要笑。最重要的是不要叹气。
- 不要以任何方式指导或帮助参与者。例如，当参与者做对的时候，不要点头，也不要咧嘴笑。

第二部分

Rocket Surgery
Made Easy

解决问题

10

第 10 章

Rocket Surgery
Made Easy

总结和交流

对比信息，决定要解决什么问题

有人要把床淹掉准备滑冰了。

—— Macgergor 先生为让 Robert Benchley[○]
起床而说的话

总结的目的非常明确——你希望带着两样东西离开房间。

- 参与者使用网站时遇到的最严重问题清单。
- 下个月测试前要修复的问题清单。

总结应在测试完毕后立刻进行，此时每个人都还对测试过程中发生的情况记忆犹新。

如果可能，建议你规定，只有至少在当天上午参加了一场测试的人才能前来参加总结会，这是获得会议发言权所必须付出的代价。

我认识到这可能并不是你能够决定的，请不要因为它给自己带来麻烦，但这确实是确保人们参加测试的最佳方法之一。它还有助于将总结重点放在测试期间实际观察到的情况和问题上，从而避免将总结会变成各抒己见的"辩论"。

总结会持续一小时可能比较合适。会上应提供午餐，不要精打细算，去买好一点的比萨。

优先考虑最糟糕的问题

在修复可用性问题方面，你要明白，最重要的是下面这些说法都是对的。

1）任何网站都存在可用性问题。
2）任何公司为了修复可用性问题而投入的资源都是有限的。
3）总是有问题因资源有限而无法修复。
4）很容易因为容易解决但不那么严重的问题分散注意力，这意味着最糟糕的问题得不到修复。

○ Robert Benchley 是美国最有影响的幽默大师之一，在 20 世纪 20 和 30 年代为《纽约客》撰写了数百个专栏（其中很多专栏被结集出版，书名为 *David Copperfield* 和 *Twenty Thousand Leagues Under the Sea* 等）。如果你最近嘲笑过什么事情，Benchley 很可能以某种方式触及过这方面（Dave Barry 将 Benchley 称之为"我的偶像"）。MacGregor 先生是 Benchley 的私人秘书，不得不在早晨采用各种巧妙的计策让他起床。

因此：

5）你必须集中火力首先修复最严重的问题。

这就是下面的箴言。

只对最严重的问题残酷无情。

如果你不遵守这种规则，我敢肯定 1 个月以后最严重的可用性问题还会存在，6 个月以后也一样。

如何判断哪些问题是最严重的？

请相信我的话：哪些问题最严重通常非常明显。这是进行可用性测试的优点之一，只要实际观看用户如何使用你的网站，你就会知道哪些问题最严重。

判断问题的严重性时有两个需要考虑的基本因素。

- 很多人都会遇到这个问题吗？
- 这个问题将给访客带来严重的后果，还

是只会带来不便？

例如，有些问题必须修复，因为虽然它只影响较少的访客，但将给遇到它的人带来大麻烦，例如无法完成交易。

如何主持总结会

总结会应由主持测试的人（就是你）来主持。你需要做如下工作。

1）首先阐述总结会将如何进行。

"根据你们在测试期间的观察，我们将选出十个最严重的可用性问题，然后确定它们的优先级并就下个月要修复哪些问题达成一致。"

2）让每个人都评估自己在测试期间记录的问题清单，从中选出三个他认为最严重的问题。

3）在会议室内走动并让人大声读出他选择的三个问题（如果选择的问题已经有人提到了，就说"我也选择了_____"）。

4）将问题写到挂纸板（easel pad）[一]上，写满一张以后把纸贴到墙上（在问题

[一] 可选择任何清单制作工具，但白板可能会太小了，而连接了投影仪的笔记本计算机有很多优点，但可能无法让所有人同时看到整个清单。

之间留些空白，以便添加其他人的类似提议）。

5）每个人都提出了他认为最严重的三个问题以后，从清单中选出看起来最严重的十个问题。

如果愿意可以让大家投票选择，也可以直接说"在我看来，这十个问题是最严重的"，并在这些问题旁边打钩，然后等待与会人员提出反对意见，并在必要时进行更改。

6）重新按顺序把十个严重的问题写下来——把最严重的问题放在最前面，在问题之间留出一些空白，以便记录修复方案。同样，可以根据你自己的判断来排列问题，但也要倾听有关变更顺序的合理建议。

7）按从上到下的顺序依次处理每个问题，让小组简要地讨论下个月如何修复每个问题。提议的修复方案应该尽可能简单。

8）继续往下处理，直到你认为下个月可以用来修复问题的资源已经排满为止。

成功小贴士

下面的建议可让你从总结中得到最大的收获。

● 开始之前，在挂纸板上写下几条指导意见。

　□ 只讨论观察到的情况。

　□ 重点是最严重的问题。

　□ 目标：列出下个月要修复的问题清单。

● 这是你主持的会议，不要害怕，你可以鼓励大家发表意见。这事由你主导，你是这个会上最了解可用性的人。

● 带一台存有测试录像的笔记本计算机，需要核实情况的时候可以使用它。

● 时间不多，注意不要让大家跑题。简要地阐明观点可以，但不要让它变成一场"宗教辩论"。确保讨论仅限于实际观察到的情况，可以这样说："你这样说是基于你在测试中看到的情况吗？"或"还有人在测试中观察到了这样的问题吗？"

● 确保会议公平、公正。欢迎发表看法，禁止贬低任何观点。

● 按从上到下的顺序讨论前十个问题的修复方案，不要遗漏。这里的要点是，既然这些是最严重的可用性问题，就应该对它们都采取某种措施。修复方案不要求完美、一劳永逸，事实上你希望修复工作量尽可能少，但必须采取一定的措施。

经常会听到有人这样说："是的，这对用户来说是个大问题，但我们将在下个月（或明年）进行重大改进。到时候这个问题就会消失，因此现在花精力去修复没有任何意义。"

务必对这些声明持怀疑态度。

我们都知道，在现实中的重大改进最终被推迟、放弃或变得面目全非的可能性总是比想象中的大。即使最终变成了现实，估计的时间也总是过于乐观。在这期间，问题将一直存在，并继续给用户带来困扰。

不要采纳这样的意见，而应该问"为了避免大多数访客遇到这个问题，当前可以做的最小的修改是什么？"

短小精悍而不是庞然大物式的报告

总结会结束后，最好通过简短的电子邮件对当月的测试进行总结。简短指的是 2 分钟内就能读完，而撰写时间不超过 30 分钟。可以考虑使用项目列表，而不是段落。该报告应该包含如下内容。

- 测试的对象。
- 参与者执行的任务清单。
- 根据观察结果决定的下个月要修复的问题清单。

如果有人感兴趣，让他们知道怎样观看测试录像或剪辑，并告诉他们下一轮测试将在什么时候进行。

FAQ

还有其他总结方式吗？我参加的总结会中，在大黑板上贴了大量的即时贴。

是的，有很多方式来给这只小猫披上不同的外皮。基本上，你将面对很多人的观察结果和观点，需要根据它们就下一步要采取的行动达成一致。这是一个典型的商业问题，人们提出了众多解决这种问题的方案。

根据具体情况具体处理，只是别忘了总结会应致力于修复最严重的问题。

诸如输入错误等并非最严重的问题，你的意思是不能修复它们吗？

不，你可以（而且有希望）根据测试期间观察到的情况修复大量其他的可用性问题。你可以保留自己的问题清单，并自己动手修复它们或将这种任务交给能够修复它们的人。不过，总结会的宗旨在于，确保将有限的资源用于修复那些最严重的问题。

11 | 第 11 章

Rocket Surgery
Made Easy

越少越好

为何少做通常是修复问题的最佳方式

修复在可用性测试中发现的问题时,多年来我学到的最重要的一点是:

修复问题时,投入
越少越好。

这意味着当你决定如何修复可用性问题时,总是应该这样提问:

"为了避免访客遇到我们所观察到的问题,最细小、最简单的修改是什么呢?"

但我发现人们经常对这样的观点不以为然,一旦参加总结会,他们就会寻找各种借口来多做一些。

- **"既然要修复,就要做好"**。人们倾向于认为,要修复可用性问题就意味着要找到一种完善且一劳永逸的解决方案:将

问题彻底消除。而我通常从实用得多的角度出发:马上让它变得对用户来说更友好。在我看来,"至善者,善之敌"用在这里很合适。

快速修复	完美的修复
遇到这种问题的人将少得多	几乎没有人会遇到这种问题
易于实现	可能需要做大量的工作
可在几天内完成	可能需要几周、几个月甚至更长

当然,实现快速修复方案后,你可以继续考虑"完美的"解决方案,但是同时你不是无所作为,而是采取了一定的措施。正如巴顿将军(General Patton)说过的,"今天就实施的好计划胜过明天才实施的完美计划"[⊖]。

- **"这是一个核心问题,没有简单的解决方案"**。人们通常相信问题如果很严重,解决方案就不会简单,我想这也往往夹杂着一些认知上的差异,例如"如果容

⊖ 真不敢相信,我确实在这里引用了巴顿将军说的话。

易修复，我们很久以前就修复了"。

你可能不能立即消除导致严重可用性问题的根源，但几乎总是可以采取一些措施来减轻问题对用户的影响，哪怕只是表面上装饰一下（或者有时候只是另一种装饰方式）。

- **"不久以后一切都会变化，我们可以忍到那个时候"**。为了避免对问题采取任何措施，人们常常指出即将到来的重新设计将修复它（或者使它无关紧要）。你也许能忍，但在此期间用户会怎样呢？如果重新设计推迟了或者取消了，结果会怎样呢？

  不要等到重新设计的时候再修复严重的问题[⊖]。对于严重的问题，应该尽快处理以免它再给访客带来麻烦。是的，如果重新设计真的实现了，你做的工作可能是重复的，但你将确保最初做的工作很少。

- **"网站会变得七拼八凑（kludge）"**。实现大量临时性修复、补丁和应急方案（workaround）可能令人讨厌。不过，

尽管用灰色的宽胶布盖住裤子上的洞可能很不美观，但也比什么都不做强。

- **"我们没有时间，无法马上修复"**。你可能确实没有时间实现完美的解决方案，但你总是有时间对最严重的问题做些什么。这也是讨论小组列出的前十大问题时，应该从最严重的问题开始而且不要漏掉任何一个的原因。这些问题是最严重的，你要么抽空修复它们，要么找出一种简单而妥善的方法来减少它们对用户的影响。

为了尽可能少做一些事情，我发现下面两项原则最管用。

- 微调，而不是重新设计。
- 做减法。

微调，而不是重新设计

决定如何修复可用性问题时，人们总是会有这样的冲动，就是将修改范围扩大到超出实际观察到的问题之外：重新设计整个网站、主页、导航系统、整个结账或注册系统……所有的一切，而实际需要（以及

⊖ 最近我翻新了家里的厨房。十年来，我们一直忍受着陈旧的灰色福米卡塑料工作台（带金色斑点的那种），并用小地毯盖住室内的豁口以腾出更大的空间。现在回过头来想想，十年前我们原本可以花1000美元购买新油地毡和工作台，如果那样，整个十年我们都将享受更高品质的生活（至少在厨房中如此）。当然，我们没有这样做，因为我们知道"不久"就要翻新，没有必要浪费钱。

能够负担）的只是一些细微调整。

如果回过头去看本章第一页，你会发现，我并没有说你的修复应该让访客"不会再遇到问题"，而是说应该让访客"不会再遇到你所观察到的那些问题"。

我之所以这样说是因为，观察到的问题常常被表述为更大的问题——"他使用那个菜单时遇到了麻烦"变成了"我们需要重新设计菜单系统"。

微调优于重新设计的九个原因

1）微调的费用低。
2）微调的工作量少。
3）微调不会导致彻底崩溃，也不会断送职业前途。
4）细微修改能更快地完成。
5）细微修改真正得以实现的可能性更大。

6）如果你大刀阔斧地修改，很可能破坏其他原本运转正常的东西。
7）大多数人都不喜欢变化，所以重新设计可能会让他们感到气愤。
8）重新设计意味着同时做大量的修改，这必将增加复杂度和风险。
9）重新设计意味着涉及大量的人，需要开很多会。

从理论上说，重新设计的想法极具诱惑力：这让你能够重获新生——一次重新开始并做好的机会。

在某些方面，微调不如重新设计那样令人满意。就像修理旧车也不如购买新车那样令人满意（例如，没有那种"新网站的味"）。

但微调确实有很多优点。

那么微调到底是什么意思呢？哪里可以快速找到它的含义呢？请看维基百科的解释。

Tweaking

From Wikipedia, the free encyclopedia

Tweaking refers to fine-tuning or adjusting a complex system, usually an electronic device. Tweaks are any small modifications intended to improve a system.

微调（tweak）指的是细微的调整或修改，通常只要经过几次试错就能完成。

微调网站时通常包括让某些东西更明显，这是通过修改大小、位置、外观、措辞来实现的。

具体步骤如下所示。

1）首先尝试一种简单的微调方式：做最简单的修改，让大多数访客不再遇到所观察到的问题。

2）如果不管用，尝试相同微调的更强大版本。例如，如果微调是增大某种东西，尝试将它再加大些。不断尝试，直到达到目的或显然不可行。

3）如果第一种微调不管用，在决定重新设计前尝试另一种微调。

4）务必睁大眼睛注意意外的结果——修改是否导致其他功能异常（俗话说得好，没有坏就不要修）。

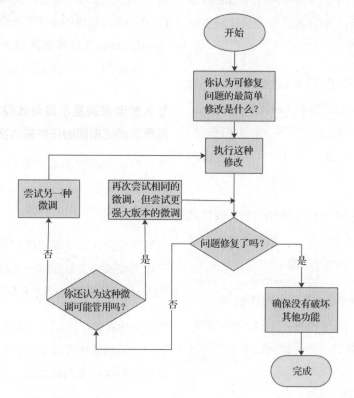

做减法

出现可用性问题时，人们常常忍不住做加法。如果有人不明白指示说明，就在说明中添加更多内容；如果有人在文本中找不到要找的东西，就添加更多文本。如果有人没有注意到应该注意到的内容，就让它的颜色更鲜艳、让它更醒目或者更大。

但在很多情况下，修复可用性问题的最佳方式刚好相反：做减法，也就是从网页中删除一些内容。

在很多情况下，真正的问题是内容太多了。大多数网页都包含各种用户不需要的内容：太多文字、太多无关的图片、太多装饰——太多"噪声"，这就是用户找不到内容的原因。

如果你的第一个反应是添加内容，请务必对此持怀疑态度。通常，删除分散用户注意力的内容，效果会更好。

正如法国飞行员、冒险家和作家 Antoine de Saint-Exupéry 所言，"不是无可增加，而是无可删减时，设计师就知道他的设计达到了完美"。

FAQ

你有时候需要重新设计吗？

重新设计？是的。从头开始全部重做的那种重新设计？可能吧。

定期重新设计一度被视为必要的工作，就像每年都推出新型号的汽车。这些型号的汽车并非一定比前一年的好，只是新一点。但当前的发展趋势是放弃大规模的重新设计，而拥抱分阶段的连续重新设计。事实上，Jared Spool 在这方面走得更远，他说他从没看到过哪次重大的重新设计是管用的。

怎么知道微调是不是有效呢？在下一个月再次测试相同的任务来核实吗？

我以前认为再次测试修复效果很有必要，事实上，我巧妙地变换了 Ronald Reagan 的措辞："微调，但要验证。"

如果你根据在测试期间观察到的情况进行了重大修改或大量细微的修改，可能需要在下一轮月度测试中包含相同的任务。

但实际情况是，人们不会进行大量的重新测试，而且这也没有必要，因为通常只通过观看就能知道微调是否有效。通过观看微调后的网页,你通常能清晰地感觉到"这解决了那个问题"或"这没有解决那个问题",这并不难。

通常,改进后的版本显然更好,且修复了问题。但如果不太肯定是否修复了问题,有几种方案可供选择。

- 做几次快速的"随机测试"(hallway test)。通常你要验证的问题类似于这样:访客没有注意到左边的导航功能,使它更突出以后访客会注意到吗?随便找一个人,将受影响的任务对应的情景(也可使用简化版本,重点是修改对应的内容)给他,让他执行这个任务并进行发声思维。

- 使用诸如 Usertesting.com 那样的远程测试服务进行测试(请参阅第 14 章)。提交微调后的版本的网址以及相关的任务,并支付让一两名用户执行该任务所需的费用。

- 对原始版本和微调后的版本进行 A/B 测试。使用如 Google Website Optimizer(作为 Google Analytics 的一部分免费提供)的工具就可以进行这样的测试,即让一半访客访问原始网页,而另一半访客访问微调后的版本。这样,你就可以知道在使用微调版本的访客中,是不是有更多人到达了你希望他们到达的目标网页。

12 第 12 章

Rocket Surgery
Made Easy

惯犯

一些你很可能会发现的问题及如何修复它们

抓住那几个追捕惯犯。

——电影 *Casablanca*（北非谍影）中 Captain Renault
（Claude Rains 饰）的道白

进行大量可用性测试后，你通常会看到一些问题反复出现。

你可能认为这样很烦人，但是其实不会。事实上，随着时间的推移，你会喜欢上它们，就像它们是老朋友。你总是乐意再次见到它们，就像海洋生物学家在鲸鱼每年返回时都能根据它们尾突上的图案和伤疤认出它们，或者对彼此的笑话都很熟悉的囚犯用编号来讲笑话⊖那样。

这里将讨论两个我最喜欢的问题，也是两个我认为带来的麻烦最多的问题，并阐述如何修复它们，我想这将对你有所帮助。

如果你遇到它们（你会遇到的），请代我向它们问好。

一开始就很不顺利

问题描述

一个总是会让我着迷的可用性问题是参与者一开始就很不顺利。

观察可用性测试基本上相当于看别人进行一次短途旅行。他确定要去哪里，找准方向，然后出发。你站在旁边观看，能够看到他迈出的每个步伐，甚至能够听到他的思路，但是不能施以援手。

最令我吃惊的是，经常有人一开始就很不顺利。你会反复看到有人一开始就基于错误的认识向各种错误方向挺进，而且很长一段时间都没有认识到他陷入了麻烦的境地。

⊖ 一个人被投进监狱后，经常听到有囚犯大声说个数字（如 42），而其他囚犯哄然大笑。他向室友询问其中的原因。"我们经常听相同的笑话，因此给笑话指定不同的编号"，室友解释说，"如果你想讲个笑话，只需大声说出相应的数字即可"。最后，新来的囚犯鼓足勇气大声说出了 37，但没人笑。他问"这是怎么回事呢?"室友耸耸肩并回答说"有些人不会讲笑话"。

这与 Erik Jonsson 在他杰出的著作 *Inner Navigation* 中介绍的情况极其相似,该书专门探讨人们是怎么迷路的。

在 1948 年前往科隆的旅途中,Jonsson 在黎明前离开火车站前往莱茵河。他认为自己在朝西走,尽管他也看到太阳就在他前面的河流上方升起。他不停地"转向",把向东当作向西又把向西当作向东,直到最后离开了这个城市。随后他花了很多年的时间收集有关人们如何迷路的故事,并试图找出发生这种情况的原因。

事实证明,测试的前几步至关重要:如果一开始就迷路了,通常会一直错下去。如果你以为自己知道正在往哪里走但其实并不知道,最终就很容易漫无目的地徘徊。

我把这一点叫作网站可用性大爆炸理论。与真正的大爆炸一样,访问新网页或网站时,在最开始几秒钟里将发生很多事情。

- 你会获得一个总体视觉印象:它看起来专业吗?完美吗?庄重吗?可靠吗?有一篇优秀的研究论文("Attention Web Designers: You Have 50 Milliseconds to Make a Good First Impression!"[⊖])以令人信服的证据表明,这个过程是瞬间完成的。

- 你会对网页进行视觉分解,识别各个区域并做出有关每个区域都有什么的假设。

- 你会识别网站的身份:它是什么?谁发布的?网站中都有些什么?等等。

换句话说,你会做出很多假设,而这些假设可能是准确的,也可能不准确。你将这些初步获得的信息("这是一个_____网站")作为基础——罗塞塔石碑,并用它来

⊖　作者为 Gitte Lindgaard、Gary Fernandes、Cathy Dudek 和 J. Brown,发表于 *Behaviour & Information Technology* 第 25 卷第 2 期(2006 年 3-4 月刊)第 115-126 页。

解释后面看到的一切。如果你的假设是错误的，你将把看到的一切都往里面套，这通常会导致更多必须澄清的误解。一开始就迷路，后面会越来越迷路。

作为网站设计师，你必须确保网站能让访客一开始就朝正确的方向迈进。访客能够获得正确的总体印象吗？这是什么网站？组织结构如何？在网站中能够找到什么，能做什么？访客能够在几秒钟内毫不费劲地明白这些吗？

如何修复这种问题

访客在网站中迷路的原因有很多，但最常见的原因是主页不能发挥指明方向的作用。你必须确保主页起到了应有的作用。

即使是优秀的主页也应该警钟长鸣。

随着时间的推移，利益相关方将不断要求在主页中添加内容，这通常会导致用户体验进一步恶化。因此，大多数主页都患有厨房洗碗池综合征——内容太多了（当访问大多数主页时，我都发现它们过于拥挤，没有重点，咄咄逼人，这让我感觉有点像 *The Sixth Sense*（第六感）中的男孩，只是

脑海中显现的不是"我看到了一堆死人"，而是"我看到了一堆客户"）。

你需要定期检查主页，确保它们发挥了应有的作用，这也是我认为在每场测试中都需要进行主页浏览的原因。对主页测试多少次都不算多（而且让每个小组成员，尤其是客户倾听陌生人的心声没有任何坏处："内容太多了，我都不确定这些东西是干什么的"）。

不够突出

问题描述

设计师，尤其是从事过印刷品设计的设计师们酷爱细微的视觉差异。例如，在印刷品中你可使用细线来指示一种标题，并使用 0.5 点的水平线来指示另一种标题，而读者可能确实会注意到这种差异（更重要的是，设计比赛的评委们能够注意到这种差异）。诸如细线和微小的低对比度字体等是复杂设计的显著特点。

不幸的是，网页访客的浏览速度非常快，而屏幕分辨率相对于印刷品来说非常低，因此访客几乎总是对细微的视觉差别视而不见。Web 用户很少能意识到细微的视觉差异。

如何修复这种问题

如果要让访客注意到网站中的某些内容，必须使这些内容比你认为的更突出，甚至总是比视觉设计师希望的更突出。

但这并不意味着它会很难看，你和设计师必须明白这一点。

例如，在下边的网页中，Amazon 认为访客绝对需要注意到的是哪两样东西呢？

我猜你知道，就是那两个黄色按钮。我之所以这样猜是因为我多次通过幻灯片显示了这个网页，而人们通常在 50～75 英尺$^{\ominus}$开外都能注意到这些按钮。

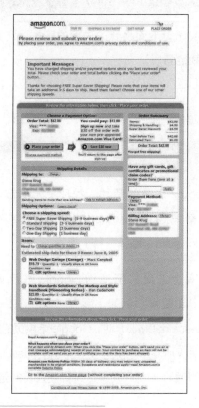

$\ominus$　1 英尺 = 0.3048 米。——编辑注

下面是另一个示例，该网页是可用性专业人员协会（Usability Professionals Association，UPA）在几年前为世界可用性日（World Usability Day）设计的一个网页。你可能认为，该网页肯定很……可用，页面的顶部如下所示。

但如果真的要让访客注意到并使用 UPA 精心设计的导航系统，设计的视觉效果应该更突出。下面是我改进后的版本，它说明了我的意思。

要让访客使用你提供的功能，首先必须让他们注意到。在我看来，即使是复杂的设计，也总是可以在确保视觉吸引力的同时引导访客将注意力放在该放的地方。

FAQ

为什么这么重视主页呢？ Google 不就没有这样做吗?

当前，大多数人都在毫无疑问地享受着 Google 带来的便利。我几乎无论做什么都首先通过 Google 进行搜索，或者从 Wikipedia（维基百科）搜索。

事实上，我甚至使用 Google 进行 Wikipedia 搜索。例如，我在 Google 中输入 "Hesselhoff wiki" 时，Google 结果页的第一条为 Wikipedia 中关于 "David Hasselhoff" 的页面，十有八九这正是我在查找的结果。

因此，对于你的网站来说，很多（或者大多

数）访客都不再是通过主页进来的，他们在 Google 中搜索并直接进入你网站的其他网页。

很多人认为这意味着主页不再重要，但他们错了。

访客进入网站的内部网页后，如果发现这不是他们要找的，接下来做的通常是寻找到主页的链接，以便能够浮出水面并判断方位。这个网站是干什么的？发布该网站的是什么人？他们还提供些什么？他们值得信任吗？通常，他们接下来单击的是"About Us"（关于我们）的链接，而且希望"About Us"页面会清晰、简要地说明了网站发布者是谁以及他们是做什么的，而不是网站的宗旨。

主页仍然很重要，它的职责是快速阐明你是谁、是做什么的，从而能让通过 Google 前来的访客能够判断是否值得进一步探索你的网站。

13

第 13 章

Rocket Surgery
Made Easy

确保生活品质
确实得到改善

与人友好相处的艺术

编写本书期间，我回过头去阅读了很多多年前为客户主持测试时所写的报告。那时候我常常撰写标准的庞然大物式报告，并辅以演示问题的屏幕截图，甚至还有修改后的屏幕截图以说明可能的解决方案。我被告知这些报告清晰易懂，而客户也看起来完全同意我的结论。事实上，他们通常对这个过程充满热情，也很想改进他们的产品。

但当我随后关注他们的网站，看看是否实现了修复方案时，很多时候都会感到失望——一切还是老样子，3 个月后如此，6 个月后如此，1 年后还是如此。

虽然我提供的报告通常指出了几十个问题，但我总是尽可能清晰地列出 10 或 15 个最严重的问题，并强调应该优先解决这些问题。

其中有些问题的修复方案比较容易实现，但将在很大程度上改善网站的用户体验，还可能大幅增加收益。收到报告的人（通常在组织食物链中处于相当高的位置）认为这些修改很重要、很有价值。虽然我谈到的问题对邀请我参与项目的人来说不是什么新闻，但对这些较高层的人来说是，他们看起来已经下定决心要迅速修复这些问题。

这样的情况我遇到很多次了，涉及的公司也各种各样，其他专业的可用性测试人员告诉我，他们也经常有类似的经历。

问题为什么没有得到修复

那么，到底是怎么回事呢？既然人们都知道哪些问题很严重以及如何修复，并有能力进行修复，而且在很多情况下问题修复起来也不太难，为什么产品没有得到改善呢？

为什么出现这种情况呢？更重要的是，如何确保你不会遇到这样的情况呢？下面是问题未能得到修复的一些常见原因。

- 管理层变更、发展方向变更或两者都发生了变化。

- 工作被推迟。如果修复问题的工作量比预期的多，最容易的解决方案是说"必须等到下次重新设计"（换句话说就是一张空头支票，参考"钱已经汇出打到你账上了"[⊖]）。

- 没有获得所有相关人员的足够支持。

- 故意捣乱。信不信由你，小组成员和客户可能觉得他们在决定修复哪些问题上没有话语权，进而采取不合作态度。

- 心有余而力不足。小组常常因过于狂热而不切实际地选择过多要解决的问题。

- 问题有更深层次的原因。当你着手修复某些可用性问题时，很快发现这是更严重的冲突（例如，有关网站目的或公司宗旨方面的冲突）没有得到解决的表现。

- 最重要的是各种干扰因素。出于各种原因，你可能没有时间、资源和决心坚持到底。

要越过这些障碍让产品真正得到改善，就要求每个参与的人都有认真而坚忍不拔的决心：不管是管理人员、小组成员，还是客户。

在管理层有朋友将有所帮助

经常有人问我让管理层重视可用性的最佳方式是什么。

一种显而易见的方式是让人信服：明白管理层的目标、确定可用性如何让他们得到晋升、学习从他们的角度考虑问题、经常演示测试工作等。这无疑是个不错的主意。

你还可以将可用性投资回报率（Return On Investment ROI）作为说服理由，有一本有关该主题的优秀图书 *Cost-Jusitying Usabilityu*（Randolph Bias 和 Deborah Mayhew 编著，2005 年第 2 版）。ROI 案例研究很有说服力[⊖]，但制作起来通常需要

⊖ 英文为 the check is in the mail，这是生意往来中很不靠谱的一句话，要等到银行对账单上印上了这笔钱的数字，才能算数！——译者注

⊖ 尤其当你开发的是内部网站时，在这种情况下可以对回报进行量化：我们的测试表明，如果采用新设计方案，员工每周在企业目录中查找人员花费的时间将减少 15 分钟。员工总数为 1000，而每分钟的平均薪水为 35 美分，这相当于每年可节省 200 000 美元以上。我们的测试和重新设计耗资 10 000 美元，净节省 190 000 美元。

大量时间而且费用巨大。

即使你成功地说服了管理层，但如果预算紧张，作为新鲜事物的可用性测试也可能最先被抛弃（这符合"最后录用的最先被炒掉"原则）。

可用性测试（和以用户为中心的设计）正慢慢（我想非常慢）成为一些先知先觉组织的"必需品"，但时局艰难时，它仍将无法跻身于"必不可少"名单。

在需要将产品尽早推向市场或先将产品推向市场稍后再考虑"可用"时，可用性常常被忽略。管理层知道，如果不完成代码和内容编写工作，用户就什么也做不了，进而他们会很容易认为，即使产品令人迷惑或者很难用，用户也会想办法

去用。

我个人不是特别喜欢将 ROI 作为论据。在我看来，在需要通过 ROI 说服他们进行可用性测试的公司中，大多数都不会在这方面做得很好。只明白可用性能带来利润还不够，还必须有将这项工作做好的热情。在资源充足时，得到认可也许不难，但资源短缺时，你需要一些狂热分子，即那些觉得不花时间和资金来营造顶级用户体验简直不可思议的人。

那么哪种方法管用呢

所幸的是，有一种方法可以让人相信可用性测试并对它充满热情。

我不忙于有关测试价值的争论，而是让事实说话。不要试图依靠争论去布道，而让人观看测试，让"眼见为实"的效应去说服所有人。我认为这种方法容易得多，效果更持久，对经济衰退更有免疫力，可以让老板和每个小组成员陷入对可用性测试的迷恋。

第三部分

Rocket Surgery
Made Easy

成功之路

14 第 14 章

Rocket Surgery
Made Easy

简易心灵传输

远程测试：快速、费用低廉但有些不受控制

我在制造什么呢？

我制造的东西将改变世界，还将改变人们的生活。

——电影 *The Fly*（变蝇人）中 Seth Brundle（Jeff Gddblum 饰）的台词

远程测试的想法很简单：不是让参与者来到你的地方，而是通过网络联系；不是越过参与者的肩膀观看屏幕，而是通过屏幕共享；不是面对面交谈，而是通过电话（或 VoIP）交谈。

我第一次做远程测试是 15 年前。那时候没有屏幕共享软件，必须根据参与者在发声思维过程中所说的话想象他在做什么，并在计算机上重复他执行的操作。可以想见，我要花大量时间询问"你当前打开的是哪个屏幕？"

然而，现在凭借强大的屏幕共享软件和宽带接入，远程测试已经更接近现场测试了。

为什么进行远程测试

两个字：方便。远程测试有很多重要的优点。

- **招募参与者更容易。** 潜在的参与者将从"居住或工作在测试地点附近的人"扩大

到"任何有快速 Internet 连接的人"，这在需要招募特定类型参与者时尤其有帮助。

- **无须往返。** 对参与者来说，这意味着总共只需要一小时而不是两小时，这对招募空闲时间很少的人时尤其有帮助。

- **更容易安排时间。** 你几乎可以在任何时间测试。对于只在上午 11 点有空的参与者，你可以在上午 11 点进行测试。

- **效果几乎相同。** 远程测试发现的问题类型和数量很可能与现场测试相同。

既然远程测试这么好，那为什么不以远程方式进行所有测试呢

我想说的是，总体而言，远程测试大概能提供现场测试 80% 的好处和 70% 的效果⊖。

和跟参与者待在一个房间相比，远程测试的收获要少 20%。现场测试将带来更丰富

⊖ 是的，这只是估计，就像 Jared Spool 喜欢在演示文稿中指出的，"在演示文稿中，74% 的统计数据都是现场拼凑的。"

的体验，而采用远程测试时，更难以了解参与者在想什么。

由于不是面对面交流，这可能导致误解的产生，这就像通过电话交谈与面对面交谈之间的差别一样，你通常需要花更多时间来搞清楚参与者所说的以及他的言外之意。

你对测试的控制权也小很多。例如，如果有人进入参与者的办公室或参与者决定接个电话，你对此基本上无能为力。另外，如果不在一个房间，难缠的参与者将更难驾驭，因为你无法通过身体语言告诉他该回到正题了。

如何进行远程测试

远程测试的各个方面几乎都与现场测试相同：选择要测试的内容、撰写情景描述、按脚本进行、要求参与者进行发声思维、进行深入探讨等。可以测试任何能显示在屏幕上的东西。可能需要对脚本稍做修改，还必须将报酬邮寄给参与者。

在正式测试前，请务必对屏幕共享软件做快速测试，这可以在通过电话确认测试时间安排的时候进行。

你必须决定共享谁的屏幕：你的还是参与者的。最好让参与者通过他的计算机访问要测试的内容，而你通过屏幕共享进行观看，这样可以避免参与者受到延迟的影响——这种延迟虽然通常很短，但总是不可避免的。如果要测试的东西只安装在你的计算机中，可以让参与者控制你的屏幕。

如果共享的是参与者的屏幕，务必让他把不想让你看到的内容隐藏起来，例如电子邮件。

正如第 8 章指出的，可供选择的屏幕共享软件有很多。选择用于远程测试的屏幕共享软件时，需要考虑的最重要因素是对参与者来说使用起来是否容易。你希望的屏幕共享软件应该满足这些条件：要求参与者对它进行设置的时间尽可能短（最好不要超过 1 分钟）；不会被公司防火墙阻断；不需要安装应用程序——很多公司的 IT 部门不允许这样做。

同样，我喜欢使用 GoToMeeting 共享屏幕，对于它我只有表扬，没有批评。对参与者来说，只需要进行简单的自动下载就能安装它，这大约需要 30 秒钟，我还没有遇到不会使用它的参与者。它刷新屏幕的速度通常很快，这让参与者和你看到的内容几乎可以同步。

另外，它在调整屏幕大小方面也做得很好（因为你和参与者的屏幕大小和分辨率可能不同），而且对共享的屏幕进行双方切换也非常容易⊖。

在音频方面，可以使用 GoToMeeting 的电话会议服务（这包含在使用费用之内，但呼叫各方需要另外支付长途电话费），也可以使用 VoIP（如果参与者的计算机连接了麦克风）。

如果不使用 VoIP，参与者应该尽可能使用免提电话，这样他们就不需要一直都把电话放在耳朵旁边了。让参与者开启来电等待功能，并同意尽可能减少中断和干扰。然而，由于参与者可能在家里或工作场所，你必须对中断测试有心理准备。

你可以在自己的计算机中运行屏幕录制软件将整个测试过程进行录像，并将麦克风放在免提电话旁边。

速度更快、费用更低、更难以控制

既然谈到了远程测试，有必要介绍另一种远程测试方式：无须主持的远程测试（unmoderated remote testing）⊜。

例如 Usertesting.com⊜那样的服务。这种测试的工作原理如下。

你提供要测试的网页的 URL 以及一项任务（也可能是两项简短的任务），并指出需要多少位参与者以及一些优先考虑的条件，如性别、年龄、收入和计算机使用经验。

服务提供方在线向他们的参与者储存库发布这项请求，参与者们就会签约参加测试。每位参与者都会访问你提供的 URL，花大约 15 分钟执行任务并进行发声思维。他们执行完任务之后，你将得到一个链接，它指向参与者执行测试过程的屏幕录像。

显然，和与参与者坐在一起相比，这无法同日而语，因为你无法提问，也无法探测。鉴于这种测试的局限性，录像很有用（因为经过筛选，这些参与者都很擅长发声思维，并且通常会将大量精力投入到测试中）。

⊖ 我知道。"既然你这么喜欢 GoToMeeting，为什么不把她娶回家？"它确实设计得非常好，我很喜欢使用它。我召开电话会议时几乎都要使用屏幕共享了。

⊜ Tom Tullis、Bill Albert 和 Donna Tedeso 编写了一个有关该主题的图书 *Beyond the Usability Lab*，该书于 2010 年出版。

⊜ 当前有很多这样的服务提供商，它们的业务模型大致相同。Usertesting.com 是最早采用这种业务模型的公司之一，也是我最熟悉的一家公司。

这种测试的优点是费用低廉、需要投入的精力很少（你只需指定任务即可）、快捷（通常第二天就能获得结果）。

它的质量无法与需要主持人的测试媲美，但我对它印象非常深刻。

出于价格的考虑，这是武器库中的一款优秀武器。这非常适合用于快速回答不值得包含在月度测试中或急需知道答案的问题。在修复月度测试中发现的问题后进行重新测试时，这种方法也很方便，因为任务已编写好了。

FAQ

为什么把这一章放在本书的这个位置？

这个问题很好。将本章放在"发现问题"部分好像更合理，但将它放在此处有充分的理由：

> 只有当进行过一些现场测试后才应该尝试远程测试。

远程测试要求更专心，新手无法通过观察"读懂"参与者，因此远程测试的效果将大打折扣。

建议等到进行了三次月度测试后再开始尝试远程测试。那时候你将对整个测试过程了然于胸，你将能更好地应对意外情况。

当然，如果你愿意，也可以在此之前就尝试远程测试，但对于公开测试，我不会这样做。

这也需要观察室吗？

是的。与现场测试一样，让人观察远程测试也很重要。你想利用"俱乐部会所"效应——观察者们一起核对笔记、分享体验。无论是现场测试还是远程测试，观察者们都将通过屏幕共享来观看，因此在他们看来，这两种体验完全相同。

15 | 第 15 章

Rocket Surgery
Made Easy

愿你走上幸福之路

最后几句鼓励的话

愿你走上幸福之路，
直到我们再次相见。

——Roy Rogers 和 Dale Evans 的演唱

下面列出了我所有的箴言。

每个月一个上午，仅此而已。
尽早测试，越早越好。
宽松招募并采用相对评分法。
将测试当作一场体育盛事来办。
只对最严重的问题残酷无情。
修复问题时，投入越少越好。

只要将它们牢记在心，你就能做得不错。
别忘了，这些箴言只是建议，你完全可以
进行实验并采用对你来说管用的方式。

测试脚本和许可表

测试脚本

你好，_____。我叫_____，今天将由我来引导你完成测试。

在我们开始之前，需要让你了解一些信息。我将逐字逐句为你宣读，以免挂万漏一。

你可能很清楚我们请你来这里的目的，但请允许我在这里再简单地重复一遍。我们请你来试用我们开发的网站，以确定它是否按预期那样工作。测试将持续大约 1 小时。

这里首先要澄清的一点是，我们要测试的是网站而不是你。你在这里不会做错任何事情，事实上，你根本不用为自己可能犯错而担心。

当你使用网站时，我将要求你尽可能进行发声思维：说出你看到的、想做的以及怎么想的，这将给我们提供极大的帮助。

另外，请不用担心你会伤害我们的感情。我们在这里做测试旨在改善网站，因此需要听到你真实的反应。

如果你在测试期间有任何问题，都可以问。我可能不能立刻回答，因为我想知道大家在旁边没有人帮忙的情况下将如何做。但如果测试结束后你还有问题，我将尽最大努力做出回答。另外，无论你在什么时候想休息一会儿，跟我说就是了。

你可能注意到了这里的麦克风。在你允许的情况下，我将把屏幕上发生的情况以及我们之间的谈话录下来。录像只会用来帮助我确定改进网站的方法，而不会被与该项目无关的任何人看到。而且录像对我很有帮助，因为这样我就不用做太多的记录了。

另外，有几位网站设计小组的成员在另一个房间观看测试，但他们看不到我们，而只能看到屏幕。

如果你愿意，我想让你在一个简单的许可表上签字。它只是指出录像得到了你的许可，而录像只会被与该项目相关的人看到。

□ 将录像许可表和笔递给参与者。
□ 在他签字时启动屏幕录像软件。

如果有保密协议（可选）：
我们还给你发送了一份保密协议。该协议规定你不能与任何人谈论今天看到的内容，因为我们还没有发布它。你带了那份保密协议吗？
□ 接受保密协议并核实参与者在上面签名了。如果参与者没有带保密协议，给他一份并给他足够的时间阅读并签名。

请问有什么问题吗？

在使用网站前，我想问几个简单的问题。

首先，你从事哪种职业呢？每天都做些什么呢？

你每周上网大概有多少小时呢？这包括上班时间以及在家里浏览网页和收发邮件。

收发邮件和浏览网页各占多大比例呢？

浏览网页时都访问什么样的网站呢？

有非常喜欢的网站吗？

好，很好。问完问题后，下面来看看网站。

□ 单击指向网站主页的书签。

首先，请你看看这个页面，并告诉我你是如何理解它：什么地方最吸引你？你认为这是什么公司的网站？你能在该网站中做什么？该网站是做什么的？只需要看看并简要描述即可。

如果你想向下滚动，也可以，但不要单击任何地方。

□ 确保该过程最多不超过三四分钟。

下面我将让你尝试完成一些具体的任务。我将宣读每项任务，并给你提供打印好的情景描述。

另外，执行这些任务时请不要使用搜索功能，这样能让我们更深入地了解网站是不是像预期那样运行。

同样，请在执行任务的时候尽可能进行发　声思维，这将对我有很大帮助。

□ 将第一个场景交给参与者并大声朗诵。
□ 让参与者不断执行任务，直到你认为再继续下去没有任何意义或参与者变得极
　度沮丧。
□ 对每项任务重复上述过程或耗尽测试时间。

谢谢，这很有帮助。　　　　　　　　　小组成员是否有其他问题让我问你。

如果你不介意，请给我一分钟，让我看看

□ 给观察室打电话，询问观察者是否有问题。
□ 向参与者提出观察者的问题，然后根据需要进行探测。

现在测试结束了，你还有什么问题要问吗？

□ 给参与者报酬或指出报酬将邮寄给他。
□ 退出屏幕录像软件并保存录像文件。
□ 对参与者表示感谢并将其送到门口。

录像许可表

感谢你参与我们的可用性测试。

我们将对测试过程录像，让今天不能前来现场的［公司名称］工作人员能够观看测试过程并受益于你的评论。

请阅读下面的声明并在指定的地方签字。

本人知道我参与的可用性测试过程将被录像。

我授权［公司名称］将该录像用于改善今天测试的设计方案。

签名：＿＿＿＿＿＿＿＿＿＿＿＿＿＿＿＿。

印刷体姓名：＿＿＿＿＿＿＿＿＿＿＿＿。

日期：＿＿＿＿＿＿＿＿＿＿＿＿＿＿＿。

致　　谢

我总是依赖陌生人的仁慈。

——电影 *A Streetcar Named Desire*（欲望号街车）中 Blanche Dubois 的对白

让本书得以付梓的人员对我来说并不陌生：我很幸运，本书与 *Don't Make Me Think* 由同一个团队制作。我深深地依赖于他们的好心以及面对我的写作习惯表现出的非凡耐心和善意。

感谢审阅人 Joe Dumas、Caroline Jarrett、Karen Whitehouse 和 Paul Shakespear，他们为我的图书付出了宝贵的时间。

感谢 Elisabeth Bayle。在三年前遇到 Elisabeth 前，我一直独自工作了 30 年，而从未想到这样的情况会改变。但从那时起，我就一直享受着有一位同事和朋友带来的乐趣，她在可用性测试方面的造诣与我不相上下。

感谢版权编辑、老朋友兼语法专家 Barbara Flanagan，我真希望能够与她合著一本有关如何写作的图书。

感谢 Allison Cecil 于百忙之中抽出时间再次帮我设计了本书的版式。

感谢 Mark Matcho 绘制的插图让本书增色不少。

感谢 Nancy Ruenzel、Nancy Davis、Lisa Brazieal、Glenn Bisignani、Charlene Will 及 Peachpit 出版社其他所有机智、和蔼、勤劳的人员提供的大力支持。

感谢 Ginny Redish 和 Caroline Jarrett。

感谢可用性专业人员社区,这是一群非常友好的家伙。去参加 UPA 年会亲自体会这一点吧!

感谢 Randolph Bias 和 Carol Barnum。在测试理论基础方面,他们的造诣比我深得多,却在 2008 年的 UPA 年会上与我一起就论文"Discount Testing by Amateurs: Threat or Menace?"进行小组讨论。

感谢朋友 Richard Gingras 和 Mitzi Trumbo。在他们家暂住期间,我几乎总是沉迷于电脑、写作和太平洋的悬崖峭壁,而他们对此表现出了极大的耐心。

感谢 Harry,他现在虽然在上大学,却时不时地给我发些链接,他知道这些链接指向的内容会让我发笑。

最后要感谢 Melanie 的支持,虽然她坚持认为没有提供什么支持。正如 Richard Farina 在为 Mimi 写的一首小诗中说的,"什么都没有你重要"。

设计优化
可用性提升秘笈

Rocket Surgery
Made Easy

推荐阅读

用户体验要素：以用户为中心的产品设计（原书第2版）

书号：978-7-111-61662-7　　定价：79.00元　　作者：[美] 杰西·詹姆斯·加勒特（Jesse James Garrett）

　　从本书第1版出版到现在已经过去十几年了，它定义了关键的实践准则，已经成为全世界网站和交互设计师工作时的重要参考。新版中，作者进一步细化了他对于产品设计的思考。同时，这些思考并不仅仅局限于桌面软件上，而是已经扩展到包括移动终端在内的多种应用及其分支中。

　　成功的交互产品设计比创建条理清晰的代码和鲜明的图形要复杂得多。你在满足企业战略目标的同时，还要满足用户的需求。如果没有一个"有凝聚力、统一的用户体验"来支撑，那么即使是好的内容和精密的技术也不能帮助你平衡这些目标。

　　创建用户体验看上去极其复杂，有很多方面（可用性、品牌识别、信息架构、交互设计）都需要考虑。本书用清晰的说明和生动的图形分析了其复杂内涵，并着重于工作思路而不是工具或技术。作者给了读者一个关于用户体验开发的总体概念——从企业战略到信息架构需求再到视觉设计。

推荐阅读

点石成金：访客至上的Web和移动可用性设计秘笈（原书第3版）

书号：978-7-111-61624-5　定价：79.00元　作者：[美]史蒂夫·克鲁格(Steve Krug)

第11届Jolt生产效率大奖获奖图书，被Web设计人员奉为圭臬的经典之作

第2版全球销量超过35万册，Amazon网站的网页设计类图书的销量排行佼佼者

自本书第1版在2000年出版以来，数以万计的Web设计师和开发工程师都已经从可用性大师Steve Krug先生的直觉导航和信息设计原则中受益。这是一本在可用性领域颇受宠爱和推崇的书籍，幽默风趣，充满常识，而又超级实用。

现在，Krug先生再度归来，用一种新鲜的视角重新检阅了经典的设计原则，同时还带来了更新过的例子和整整一章全新的内容：移动可用性。而且，它仍然短小精练，语言轻松诙谐，穿插大量色彩丰富的屏幕截图……还有，更为重要的是，它还是一样令人爱不释手。

如果之前已经阅读过这本书，你会再次发现，对于Web设计师和开发人员来说，这仍然是一本非常重要的书籍。如果从来没有读过这本书，那么你会发现，为什么这么多人都在说，这本书对于任何从事Web工作的人来说都非读不可。